# 教师心理健康
# 案例解析

杜秀芳 ◎ 著

华东师范大学出版社
·上海·

2013年教育部人文社科一般项目 "关键事件对教师心理健康维护的案例构建与应用研究"
（项目编号：YJA840005）

**图书在版编目(CIP)数据**

临床心理咨询案例解析/杭荣华著.—芜湖:安徽师范大学出版社,2018.7
ISBN 978-7-5676-3598-2

Ⅰ.①临… Ⅱ.①杭… Ⅲ.①心理咨询－案例 Ⅳ.①B849.1

中国版本图书馆CIP数据核字(2018)第109438号

## 临床心理咨询案例解析　　　杭荣华　著

责任编辑:辛新新
装帧设计:任　彤
出版发行:安徽师范大学出版社
　　　　　芜湖市九华南路189号安徽师范大学花津校区　邮政编码:241002
网　　址:http://www.ahnupress.com/
发 行 部:0553-3883578　5910327　5910310(传真)E-mail:asdcbsfxb@126.com
印　　刷:虎彩印艺股份有限公司
版　　次:2018年7月第1版
印　　次:2018年7月第1次印刷
规　　格:700 mm × 1000 mm　1/16
印　　张:12.5
字　　数:220千字
书　　号:ISBN 978-7-5676-3598-2
定　　价:46.00元

# 前　言

罗曼·罗兰曾经说过："只要有一双忠实的眼睛与我一同哭泣，就值得我为生命而受苦。"心理咨询师凭借着真诚和爱心与来访者沟通，使得来访者有勇气袒露内心最隐秘的部分，接纳自己内心深处的痛苦、悲伤、愤怒等情绪；心理咨询师凭借着专业知识和技能，激发来访者自身的潜能，帮助来访者解决自身的心理问题，促进来访者人格的不断完善和发展。

国内有关对心理咨询案例进行分析的著作极少。有限的案例集大多是针对大学生群体的，且对案例的咨询过程基本不做介绍。为了帮助读者详尽地了解来访者心理问题发生的原因、发生发展过程以及心理咨询师是如何工作的，本书收录了不同群体、不同年龄阶段、不同心理问题的案例，从来访者求助的主要问题、成长史、重要事件、发病原因、咨询过程等方面进行了较为详尽的介绍，对整个咨询过程进行反思，并根据案例的特点以专栏的形式补充了一些相关资料，同时对当今心理咨询中的一些热点问题如网络咨询、咨询伦理、咨询法律等也做了相应的介绍。

本书中呈现的所有案例都是心理咨询师根据临床实践中真实的咨询过程整理而来的，并征得来访者的同意后公开发表。为了保护来访者的隐私，本书对来访者的人口统计学资料，如姓名、年龄、职业、婚姻、家庭、居住地等进行了技术处理。关于本书案例中来访者的诊断，如果来访者在医院的精神科或者心理科已得到明确诊断，会在书中列出该诊断。但由于每位临床医师依据的诊断标准不同，所以读者会在本书中发现依据不同的诊断标准如世界卫生组织《国际疾病分类》（ICD）、《中国精神疾病分类方案与诊断标准：第三版》（CCMD-3）、美国《精神障碍诊断与统计手册》（DSM）诊断出来的心理障碍。鉴于《中华人民共和国精神卫生法》（以下简称《精神卫生法》）的规定：心理咨询师不得对患者做出心理障碍的诊断，因此，针对本书中属于一般心理问题和严重心理问题的案例，如果来访者未去专科医院进行诊治，心理咨询师仅对其进行心理评估，会以症状标注，如"抑郁""焦虑""攻击行为"等。

本书一共收录了15个案例，分为"儿童及青少年心理行为问题""情绪问题""神经症性问题""亲密关系问题""性与性心理问题""睡眠和进食问题""心理咨询（治疗）中的特殊问题"七个部分，第七部分主要介绍心理咨询中的法律和伦理等问题如何进行处理。

本书的出版首先要感谢本书案例中的来访者，他们拥有非凡的勇气去直面痛苦，并愿意分享他们的故事，以帮助更多还处在黑暗中的人。在与来访者沟通的过程中，我被他们深深打动，我在帮助他们的同时，他们也在帮助我，在心与心的互动中，咨访双方都得到了成长。

感谢芜湖市精神卫生中心的李业平主任、吴明飞主任，感谢皖南医学院心理学教研室的各位同仁，他们对本书提出了很多有益的建议。皖南医学院应用心理学学术学位、应用心理专业学位的研究生李慧、盛鑫、王莹、韩立欣等同学，在整理书稿的过程中做了大量的工作，在此对他们一并表示致谢。

本书得到了皖南医学院心理健康与促进创新研究团队的基金资助，本书还是2017年安徽省高校人文社科重点研究基地项目"大学生抑郁现状、影响因素及巴林特小组干预模式研究"（项目编号：SK2017A0209）的阶段性成果之一，特此说明。

由于水平有限，本书一定存在诸多缺点和不足之处，甚至是错误，我恳请广大读者不吝赐教，以便今后修订时及时改进。联系邮箱 rhhang311@126.com。

杭荣华

2018年2月

# 目　　录

# 第一部分　儿童及青少年心理行为问题

## 案例1　他是"问题儿童"吗？
### ——一则儿童品行障碍的心理咨询案例

## 一、个案介绍

**基本信息：**明明，男，12岁，小学六年级学生。

**对来访者的初始印象：**身高1.50米左右，长得很结实，皮肤黝黑，小眼睛，眼神游离，不愿意和心理咨询师有眼神接触。头发乱蓬蓬的，略微有些卷曲。上身穿军绿色夹克，下身穿蓝色破洞牛仔裤，脚穿白色运动鞋。首先吸引心理咨询师目光的是他耳朵上四个亮闪闪的耳钉。穿着打扮与其年龄不相符，显得过分成熟。坐在椅子上，双腿不停地抖动，显得漫不经心。

**求助的主要问题：**奶奶反映明明的很多行为习惯不好，比如脾气暴躁、打架、偷钱、逃学等，现在已经管不住他了。明明在一旁冷眼相看，一言不发。奶奶希望心理咨询师能帮助明明改掉坏习惯，回到学校，好好学习。

**成长史和重要事件：**由明明奶奶陈述，在明明3岁时，其父母离婚，明明被判给父亲抚养，母亲随后改嫁他人，远走他乡。明明父亲脾气火爆，对明明非打即骂。在明明5岁时，明明父亲因为与人打架斗殴，过失致人死亡被判入狱 10 年。爷爷和奶奶年逾古稀，身体不好，没有精力管教孙子，但对孙子花钱的要求几乎无条件满足。久而久之，孙子养成了"阔少"做派。生活上，和同学攀比，花起钱来大手大脚，经常用礼物拉帮结派，身边聚拢了一帮"兄弟"，在班上经常欺负体弱的同学，有两次把同学打得头破血流。学习上，明明毫无心思，成绩一塌糊涂，甚至多次逃学。老师时不时邀请明明的爷爷、奶奶到学校去，让家人严加管教。老师告诫说，如果再次发生打人、逃学的事情，就要开除明明。爷爷、奶奶请求老师不要开除孙子。老师见两个老人实在可怜，也无计可施，干脆也不管他了。爷爷、奶奶管不住明明，开始在经济上控制他，对明明不再有求必应。明明花钱的欲望得不到满足，便"自谋财路"，开始偷家里的钱，甚至把奶奶的金戒指也偷去换钱了。爷爷、奶奶发现苗头不对，便把家里放钱的抽屉上锁。后来，明明只好把眼光转到同学的身上，开始偷同学的零花钱。第一次偷钱是什么时候，一共偷了多少次，明明也说不清。有一次，他被同学当场抓了个现行。后来，他还伙同几个校外的初中生在放学路上，向一些同学索要"保护费"。老师对明明多次当众批评教育，甚至对他采用罚站等体罚的方式都不奏效。老师只好让爷爷、奶奶把孩子领回家，教育好了再送回来上学，这样明明干脆借机不上学了。爷爷、奶奶苦苦哀求明明听话，好好去上学，不要再做坏事了，可明明根本不听。在家里对爷爷、奶奶说谎，动辄满口脏话、大发脾气、暴怒、乱扔东西。脾气上来了，就捉弄家里养的小动物，用木棒打小狗，用火烧猫的尾巴，甚至残忍地用剪刀活活剪掉金鱼的头。爷爷、奶奶非常焦急，不知道该怎么管明明，只能盼着儿子早点出狱，好好教育这个"问题儿童"。

**以往咨询经历：**在去心理咨询门诊前，明明的爷爷、奶奶找到了社区的工作人员，工作人员陪他们去了医院心理科的儿童青少年门诊。医生根据他们的介绍，怀疑明明可能有儿童品行障碍，建议奶奶带明明接受专业的心理咨询。

## 二、咨询过程和结果

### (一) 咨询设置

心理咨询每周 1 次，50 分钟/次，收费 200 元/次。咨询前签订协议，告知保密原则、来访者及心理咨询师的权利和义务、请假、迟到等相关设置，取消或者更改时间需提前24小时通知。

（二）咨询目标

咨询目标是消除来访者的不良行为，改善来访者与家人、同学的关系。心理咨询师与来访者一共进行了10次咨询。

（三）咨询方法及过程

初始访谈阶段主要是收集来访者的资料，评估心理行为，建立咨询关系，商定咨询目标。主要采用了行为矫正的方法。

来访者非常排斥心理咨询，是奶奶哭着求他才来咨询的，因此建立咨询关系对心理咨询师来说是较大的挑战。第1次咨询，奶奶介绍了基本情况以后，心理咨询师请奶奶暂时回避，单独和明明交谈。明明刚开始不说话，沉默了大概十分钟后，明明说："奶奶说的都是事实，但我现在挺好的，有吃有喝有玩。"心理咨询师问："现在学校要开除你，怎么办呢？爷爷、奶奶老了，你怎么办呢？"明明继续沉默，但心理咨询师看到明明的眼圈红了。心理咨询师说："我很想帮你，但不知道到底怎么帮你，我很难受。是不是你的心情和我一样，想改变，却不知道怎么改变？"听到这些，明明流着眼泪点点头，这才愿意说出自己的故事。

心理评估：明明怎么了？是"问题儿童"吗？医生为什么说明明有儿童品行障碍呢？家长如何知道自己的孩子是否有品行障碍呢？

在CCMD-3（《中国精神疾病分类与诊断标准：第三版》）中，品行障碍是指反社会性品行障碍和对立违抗性品行障碍。患者一般具有临床表现的前3项，且持续半年以上，明显影响同伴、师生、亲子关系和学业。若品行问题与心理发育水平明显不一致，也不是心理发育障碍、其他精神疾病或神经系统疾病所致，可诊断为反社会性品行障碍；若患者在10岁以下，仅有对立违抗性行为，则诊断为对立违抗性品行障碍。详见专栏1、专栏2。

**专栏1：反社会性品行障碍**

【症状标准】

1.至少有下列3项

(1)经常说谎(不是为了逃避惩罚)；

(2)经常暴怒，好发脾气；

(3)常怨恨他人，怀恨在心，或心存报复；

(4)常拒绝或不理睬成人的要求或规定，长期严重的不服从；

(5)常因自己的过失或不当行为而责怪他人；

(6)常与成人争吵，常与父母或老师对抗；

(7)经常故意干扰别人。

2.至少有下列2项

(1)在小学时期便经常逃学(1学期达3次以上)；

(2)擅自离家出走或逃跑至少2次(不包括为避免责打或性虐待而出走)；

(3)不顾父母的禁令，常在外过夜(开始于13岁前)；

(4)参与社会上的不良团伙，一起干坏事；

(5)故意损坏他人财产或公共财物；

(6)常常虐待动物；

(7)常挑起或参与斗殴(不包括兄弟姐妹打架)；

(8)反复欺负他人(包括采用打骂、折磨、骚扰及长期威胁等手段)。

3.至少有下列1项

(1)多次在家中或在外面偷窃贵重物品或大量钱财；

(2)勒索或抢劫他人钱财，或入室抢劫；

(3)强迫与他人发生性关系，或有猥亵行为；

(4)对他人进行躯体虐待(如捆绑、刀割、针刺、烧烫等)；

(5)持凶器(如刀、棍棒、砖、碎瓶子等)故意伤害他人；

(6)故意纵火。

4.必须同时符合以上第1、2、3项标准。

【严重标准】

日常生活和社会功能(如社交、学习或职业功能)明显受损。

【病程标准】

符合症状标准和严重标准至少已有6个月。

**专栏2:对立违抗性品行障碍**

【**症状标准**】

至少有下列3项:

(1)经常说谎(不是为了逃避惩罚);

(2)经常暴怒,好发脾气;

(3)常怨恨他人,怀恨在心,或心存报复;

(4)常拒绝或不理睬成人的要求或规定,长期严重的不服从;

(5)常因自己的过失或不当行为而责怪他人;

(6)常与成人争吵,常与父母或老师对抗;

(7)经常故意干扰别人。

【**严重标准**】

上述症状已形成适应不良,并与发育水平明显不一致。

【**病程标准**】

符合症状标准和严重标准至少已有6个月。

在上述案例中,明明有"经常说谎""经常暴怒,好发脾气""常拒绝或不理睬成人的要求或规定,长期严重的不服从""常与成人争吵,常与父母或老师对抗"(符合3条以上);"经常逃学""常常虐待动物""常挑起或参与斗殴""反复欺负他人"(符合2条以上);"多次在家中或在外面偷窃贵重物品或大量钱财""勒索或抢劫他人钱财"(符合1条以上)。对照上述症状标准,且明明的日常生活和社会功能明显受损,符合症状标准和严重标准达6个月以上,因此明明患有儿童品行障碍中的"反社会性品行障碍",但仍需专业机构中的医生进行明确诊断方可干预。

(四)咨询效果

心理咨询师对咨询的总体评价:经过10次的咨询,来访者的攻击行为和偷窃行为、虐待动物行为减少,但情绪仍然不够稳定,主要表现为易怒。奶奶听取了心理咨询师的建议,当明明有好的行为出现时立即奖励,同时也制定一定的规则;心理咨询师邀请明明的妈妈来一趟,告知隔代教育的弊端以及妈妈对孩子教育的重要性,妈妈同意将孩子接到自己身边。明明很乐意与妈妈生活在一起。因妈妈居住在外地,明明不得不离开爷爷、奶奶生活的城市,这对明明来说也未必是一件坏事,因为可以摆脱那些年长的"哥们"的教唆,在新的环境中也有利于他重建自信。在处理了分离焦虑问题后，心理咨询师建议明明的妈妈在当地寻找心理咨询师为明明继续咨询。

## 三、讨论和反思

### （一）来访者的主要问题

医生初步判断明明患有儿童品行障碍。下面我们一起来了解一下什么是儿童品行障碍，有哪些具体表现，发生的原因以及如何防治儿童品行障碍。

儿童品行障碍是指18岁以前的儿童和少年反复、持续出现的攻击性行为和反社会性行为。这些行为违反了与年龄相适应的社会行为规范和道德准则，影响了儿童本身的学习和社交功能，损害他人或公共利益。其严重性超出一般的淘气，行为的发生不是由于一时的过失或年幼无知，而是一贯的行为模式。

儿童期出现的持久的、严重的违纪行为及攻击行为，仍未达到违法程度，所以这些儿童又被称为"问题儿童"或"不良少年"。如果他们的这些行为已达到侵犯别人权益和扰乱社会秩序的程度，就属于违法或犯罪行为。

儿童品行障碍有哪些表现呢？具体有以下几个方面：

（1）反社会性行为，指一些不符合社会行为规范和道德准则的行为。在家中或在外面偷窃、勒索或抢劫，强迫他人与自己发生性关系或有猥亵行为；对他人进行躯体虐待（如捆绑、刀割、针刺、烧烫等）；纵火，撒谎，逃学，擅自离家出走或逃跑，不顾父母的禁令而经常在外过夜，参与犯罪团伙，从事犯罪行为等。

（2）攻击性行为，表现为对他人人身或财产的攻击，如经常打架斗殴，欺负他人，虐待残疾人和动物，故意破坏公共财物等。当自己情绪不良时也常以这些攻击性方式来发泄内心痛苦和解决矛盾。男性多表现为躯体性攻击，女性则以语言性攻击为多。两三岁的儿童攻击性行为表现为暴怒、吵闹、推拉或动手打其他小朋友。随着儿童本身社会化的发展，到了学龄期，儿童的攻击性行为的表现变得明朗化，以言语伤人、打架斗殴、恃强凌弱，甚至结成团伙打架。

（3）对立违抗性行为，指对成人特别是家长所采取的明显的不服从、违抗或挑衅行为。并不是为了逃避惩罚而经常说谎、暴怒、怨恨他人或心存报复，不服从、不理睬或拒绝成人的要求或规定，因自己的过失或不当行为而责怪他人，与父母或老师对抗，故意干扰别人，违反校规或集体纪律，不接受批评等。

（4）品行障碍患者一般以自我为中心，我行我素，好指责或支配别人，故意招人注意，为自己的错误辩护，自私自利，缺乏同情心。

（5）常合并多动症、情绪抑郁或焦虑、情绪不稳或易激惹，也可伴有发育障碍，如语言表达和接受能力差、阅读困难、运动不协调、智商偏低、多动、遗尿等。还有些伴有社会退缩行为，如在与别人接触时，显得踌躇、害羞、内向，突出表现为退缩，工作、学习和社交活动减少。

对照"儿童品行障碍的表现"，家长如果发现孩子持续出现上述行为，经教育后不见其行为改善，就要引起重视，可带孩子去专业心理咨询机构寻求帮助，明确诊断，及时干预。

儿童品行障碍者将来是否一定会成为罪犯？自己的孩子有品行障碍，有的家长就很担心，将来他（她）会不会成为罪犯。

少年期品行障碍较轻者一般预后较好，或由环境因素引起而能及时改变环境者预后也较好，但多数预后不良。不良预后表现为：品行问题难以消除；师生关系或亲子关系严重不良；学业困难或辍学；严重的社会适应困难，不能被正常的儿童、少年群体所接受；参与违法犯罪活动等。部分患者的行为问题持续到成年期，其中约半数发展为成年期违法犯罪或人格障碍。

根据行为问题严重程度、发病年龄、行为类型和家庭环境的不同，品行障碍的预后也有所不同。

（1）行为问题严重程度。轻症病例大部分可完全恢复，严重病例可发展成慢性过程。

（2）发病年龄。发病年龄愈早预后愈差。

（3）行为类型。攻击型比非攻击型预后差，违法型比非违法型预后差，多动型比单纯型预后差。

（4）家庭环境。家庭功能紊乱者比家庭功能正常者预后差。

所以，品行障碍要早发现、早干预，个人、家庭、社会全方位干预。

**（二）导致来访者问题的主要影响因素**

儿童品行障碍的病因复杂，目前没有发现确切的原因。研究发现，儿童品行障碍的发生和发展主要有先天性和后天性两大类原因。先天性原因与生物学因素有关，后天性原因与家庭、学校、社会教育有关，而且对不同的人来说，在不同的时期，各因素的作用大小也不尽相同。

1. 生物学因素

遗传因素对品行障碍发病的影响已被许多研究所证实。反社会性行为倾向可能与遗传有关。个体素质与品行障碍发生有关。在违法少年中，素质类型大致有：好交际，渴望刺激，冒险和情感易冲动的外向型；神经质，焦虑，不安，担忧，易激惹型；孤僻，不关心他人，难以适应环境型。智能因素也与品行障碍发生有关。智能落后者的分析能力、判断能力、理解能力和自控能力均低，容易出现兴奋和情绪不稳，为了满足个人欲望可能发生离家出走、逃学、纵火等行为，并容易受人教唆而犯罪。

婴幼儿期感染、中毒、外伤、慢性腹泻和严重营养不良，均可影响大脑的正常发育，以致到预期年龄还有不少生理功能尚不成熟，或由于以上因素引起大脑皮层功能失调，都可成为行为问题和品行障碍的生物学前提。母亲孕期情绪不良，或患各种躯体疾病、早产、异常分娩对儿童品行障碍的发生也有一定的影响。

2. 家庭因素

家庭教育及家庭环境对儿童、少年以至成人的品德和行为都有极为重要的影响。家庭影响主要来自父母（或养父母），主要指父母的关系和父母的行为等。例如：非法婚姻、父母患精神疾病、父母智力低下和父母有性别偏见等，继而会引起父母对孩子的歧视、敌视或拒绝接受等；家庭气氛紧张、父母关系不合、离婚和虐待儿童对儿童造成精神创伤；家庭中失去父母一方，尤以失去母亲为显著，会对儿童的心理发育产生不利影响；对孩子缺乏关心和教育；父母的不良行为如打架、诈骗、赌博、偷盗等，会对孩子产生不良的示范作用。突出的情况有以下几种：

（1）打骂教育或虐待儿童。

有的父母由于望子成龙心切或自己的处境不顺利等原因，对子女要求苛刻、严厉，经常打骂、恐吓儿童，限制儿童正常的集体活动，反对其与同龄伙伴的正常交往等。这样的教养方式很容易使儿童形成孤僻的性格，或以父母对待自己的方式对待别人。他们入学以后不能与同学和睦相处，对人怀有敌意，常欺侮打骂同学，或与老师作对，违反课堂纪律。他们的行为容易引起同学、老师的反感，在集体中处于被孤立的状态。受歧视和虐待的儿童，在家庭和学校中得不到童年的幸福和别人的尊重，很容易形成不尊重别人人格或感情的不良品行，还容易参加一些不良的团伙，染上聚众打架斗殴、抽烟、喝酒等不良习气，严重的还会走上犯罪道路。

（2）父母离异，儿童失去家庭温暖。

由于父母离异，儿童失去了父爱或母爱；生活在父亲或母亲重组的新家庭里，儿童往往成为新家庭的累赘，甚至受到冷眼和摧残。失去家庭温暖的儿童，从小体验着委屈、冷漠、悲伤、嫉妒、不满、怨恨等负性情绪。为了逃离不可忍受的家庭环境，他们进入少年期以后可能会离家出走，或逃学、旷课，或流浪街头。在逃学、逃宿期间，他们食宿无着落，会感到焦虑、恐慌、走投无路，这时极易受到坏人的引诱。

（3）由隔辈长者带大，与父母产生感情距离。

有的父母把子女委托祖父母（或外祖父母）养育，儿童从小跟随隔辈长者，与之感情甚笃，几年以后再回到父母身边，与父母在感情上产生距离。这些孩子往往有话不和爸爸、妈妈讲，凡事自作主张、我行我素。慢慢地，父母对子女的感情也会渐渐淡漠，使两代人在心理上出现隔阂。父母的严格要求也易引起子女的反感，以至把感情寄托于家庭成员之外的人。这种"半路"回到父母身边的儿童，在教育上会有很多困难，所以父母更应注意教育方法，否则容易造成儿童的品行障碍。

（4）过度保护或者溺爱，导致儿童自卑、退缩、适应社会能力差。

值得一提的是，不少父母因为交通安全问题不让孩子上街；高层住房没有庭院；同辈群体交往过少；远离公园、游戏场和运动场；父母担心孩子"交了坏朋友"，限制他们户外活动；父母工作忙，孩子在家里得不到关心，要求得不到满足，常与电视、网络为伴，而网络中充斥着暴力、色情、敲诈、欺骗、偷窃、吸毒等负面信息，这些都会对儿童产生不利影响。

在明明这个案例中，家庭因素可能是最重要的因素。明明长期生活在气氛紧张的家庭环境下，3岁时父母离婚，从小缺乏父母的关爱，安全感极度缺乏，无意识中会通过一些过分的行为吸引他人的关注。父亲脾气火爆，经常打骂明明，粗暴的态度及打骂、恐吓都会使孩子的精神高度紧张、恐惧。经常被父母打骂的孩子，在感情方面会与父母疏远，会让孩子感到孤独、无助，久而久之，会让孩子变得自卑、懦弱、不自信，会对自己的能力产生怀疑，甚至自暴自弃；经常被父母打骂的孩子，因为自卑和不安全感而不愿意和同龄人交流和玩耍；经常被父母打骂的孩子，由于怕挨打，他们会渐渐不敢对父母说实话，或者找理由来摆脱挨打，容易养成说谎话、不诚实的恶习；经常被父母打骂的孩子，逆反心理强，行为上表现为"犟"，不服从大人管束，容易对父母形成仇恨心理。父母经常打骂孩子，会让孩子形成一种错觉，认为所有的事情都可以通过暴力的方式来得到解决，孩子会模仿父母打他那样去打别人，父母打他时表现得越粗暴，孩子对比他弱小者就越粗暴。父亲对明明非打即骂，明明也无意识间认同了父亲的行为方式，总是倾向于用拳头解决问题。

在明明父亲入狱后，明明由爷爷、奶奶养育，但明明的爷爷和奶奶年逾古稀，身体不好，根本没有精力管教孩子。但又过度溺爱明明，溺爱使孩子内心无爱、自私自利、任意妄为，只是一味地满足自己的需要，不去考虑他人的感受和需要，使得明明没有形成正确的价值观，不懂得遵守社会规则。一味溺爱的结果导致孩子能力低下，使得他们在学习和生活中遇到很多问题。在学习上遇到诸多的障碍，就是说在学习的每个环节上他都会受挫，于是孩子就变得不喜欢学习，最后厌学甚至辍学。

3. 学校教育

（1）沉重的学习负担，长期紧张、单调的生活，使得儿童容易产生厌烦情绪。学业失败、情绪沮丧、意志消沉，也影响其身心发育和形成健全的人格。当儿童不能通过合法途径达到目的时，可能会铤而走险，采取暴力行为，从而导致犯罪。

（2）有些教师重智育、轻道德品质的培养。教师的不良教育行为，如经常处罚、排斥有缺点的儿童，使其产生抵触情绪甚至破罐子破摔，从而出现不良行为。

（3）伙伴的影响。青少年分辨善恶的能力不强，容易结交一些不良少年形成小团体；他们缺乏约束能力且互相影响，要哥们义气，欺负弱小，容易走向违法犯罪的道路。

4. 社会因素

（1）社会价值观。随着社会变迁，一些社会价值观念对青少年心理的发展产生重要影响，如盲目追求"高消费""性解放"等，为了满足这种欲望而不顾社会行为规范和道德准则，这是青少年违法犯罪率急剧上升的主要原因。

（2）不良的社会环境。如不良的社会风气、不良的校风、校外坏人的教唆与引诱，都可能引发青少年效仿，产生不良行为。

（3）大众传媒。大众传播媒介主要指电影、电视、广播、广告、书籍、报纸、杂志以及近年来迅猛发展的网络媒体等。儿童和青少年模仿力极强，尤为崇拜影视或网络游戏中的某些典型人物。现在有些电影、录像中充斥着打斗和色情场面，还有一些鬼怪故事。儿童往往把影视中的打斗者当作英雄，把神话情境视为现实，对两性之间的交往感到神秘和好奇。不健康的影视剧和书刊内容，会从反面为儿童树立某种学习"榜样"，使他们出现诸多行为问题。

在上述案例中，学校环境下，繁重的学习负担、教师重成绩轻道德品质的教育方式、不良伙伴的影响、学业的失败、教师的粗暴教育方式等，都可能使明明产生抵触情绪，以至于破罐子破摔，结交一些校外不良少年，耍哥们义气，欺负弱小；在社会这个大环境中，也会受到不良的社会风气和大众传媒的影响，尤其是受到网络游戏中暴力场面的吸引，模仿游戏中的人物，以暴力方式满足自己的愿望，无视规则。因此，我们可以得出结论，明明的品行障碍可能与家庭因素、社会环境因素等有关，也可能是多种因素共同作用的结果，但其中最主要的还是家庭、学校教育的因素。

**（三）如何处理来访者的问题**

轻度的品行障碍可以自行消失，严重的品行障碍则应治疗。品行障碍的治疗比较困难，目前还缺乏单一有效的治疗方法。

目前，品行障碍的治疗多采用教育和心理治疗相结合的方式，主要是分别针对儿童及其家庭进行心理治疗。

心理治疗主要包括家庭疗法、行为矫正法、认知疗法、药物治疗、游戏和戏剧治疗、集中训练等。

治疗原则如下：

（1）家庭疗法主要是协调家庭成员之间特别是亲子间的关系。父母对子女的不良行为，既不能熟视无睹，也不能严厉苛刻地惩罚，应尽量减少家庭内的生活事件及父母自身的不良行为。家庭疗法必须取得主要养育者尤其是父母的积极参与和合作才能取得成效。

（2）行为矫正法主要针对患者进行。选用阳性强化法、消退法和游戏疗法等。治疗目的是逐渐消除品行障碍者的不良行为，建立其正常的行为模式，促进其社会适应能力的发展。

（3）认知疗法重点在于帮助患者发现自己的问题，分析原因，考虑后果，并找到解决问题的办法。但认知疗法对儿童效果不够明显。

（4）药物治疗尚无特殊药物，可视具体情况分别给予对症治疗。冲动、攻击性行为严重者选用小剂量氯丙嗪、氟哌啶醇、奥氮平、喹硫平或卡马西平等药物。伴有活动过多者可选用哌甲酯、苯异妥因等中枢兴奋剂。对情绪焦虑者可选用地西泮等抗焦虑药物。药物必须在专科医生的指导下使用。药物治疗可暂时控制症状，但能否根治尚未得到证实。

（5）游戏和戏剧治疗也能起到相似的作用。在这些治疗中，允许儿童对父母的厌恶、愤恨和敌对情绪进行适当地发泄，从而起到精神宣泄的作用。

（6）对品行障碍进行集中训练也是一种很好的形式。

产生品行障碍最主要的原因是家庭教育方式不当，那么矫正儿童品行障碍家长该做些什么？

（1）忽略异常行为，采用不理睬的方法，使患儿异常行为得不到注意，从而使其攻击性行为减少。也可将这类儿童置身于无攻击性行为的儿童之中，或让其观察其他有攻击性行为的儿童被惩罚或禁止的情形，由此减少其攻击性行为。

（2）鼓励儿童参加合作游戏或集体游戏，并强化良性行为。

（3）配合医生和心理咨询师进行行为矫正，持之以恒。

下面就几种较突出的不良行为的纠正方法进行说明。

1. 如何纠正孩子的偷窃行为

明明的偷窃行为十分复杂。它既说明了家庭离异对子女造成的不良影响，也反映出重物质满足、轻心灵培育的家教方式对孩子发展所带来的危害。

　　偷窃这种品行障碍是一种严重的学生违纪行为。一两岁幼儿自我意识尚未形成，缺乏"物品归物主所有"的观念，常常把别人的东西随意拿过来，这并不能称之为品行问题。以后随着幼儿自我意识的萌芽，自控能力逐渐发展，父母就要及时对儿童进行教育，使孩子懂得别人的东西不能随便拿的道理，学会克制自己的欲望。如果父母未加注意，孩子总是倾向于满足自己的需要，偶尔的不当行为受到默认、得到强化，以后就会明知故犯，形成盗窃行为。开始时，孩子多是偷拿家人的东西，大多容易得手。初次偷拿东西时，儿童内心充满矛盾：一方面知道偷拿东西是"坏孩子"的行为，担心被发现后受惩罚，因而感到焦虑和害怕；另一方面又不能抗拒物质的诱惑，不能自制。此时只要予以重视，杜绝初次不良行为，并向孩子提供满足他们正当需要的途径，问题一般不难得到解决。

　　2. 如何纠正孩子的逃学与离家出走行为

　　逃学起初都是因为贪玩、完不成作业害怕被老师批评，也有的是因为厌恶学习或是受到严厉惩罚后，以逃学来表示对家长和教师的反抗。当儿童面临着一边是教师的训斥及同学的轻视，另一边是来自父母的压力和打骂，导致了双避冲突情境而自己又不能有效地应对时，逃学就可能是他的选择了。逃学后如果得到逃学同伴的接纳，从而能满足其平时在校内得不到的归属需要，或是玩游戏机、在外游荡之类而感到比上课有趣，则逃学就容易成为习惯，进一步发展成品行障碍。离家出走多是由于学习成绩不好怕受到父母的严厉惩罚、正当的要求得不到满足、在家庭中受到歧视与虐待，于是或投奔亲友，或乘车到处流浪、露宿街头。影视剧中的不良情节、坏人的引诱也都是可能逃学或离家的原因。针对这种情况，父母要及时弄明白原因，消除亲子隔阂与误解，说服孩子回家，并从根本上改变家庭中的人际氛围；或允许孩子在亲友家暂住一段时间再回校学习，防止孩子多次出走。

　　3. 如何纠正孩子的说谎行为

　　说谎是为了获得某种利益而说假话欺骗他人。幼儿有时分不清现实的东西和想象的东西，常常夸大事实或虚构一些不符合实际的话，因没有说谎的动机，故不应视为说谎。到了小学，儿童都能分清真实与想象，但有的孩子在处境难堪或遭遇困难时，也会偶尔说些谎话来掩饰和搪塞，一般也无关紧要。如果一个学生经常为了达成自己的目的和愿望，如为了获得表扬、逃避责任、获得某些利益、报复他人等而有意说假话，使说谎成为一种习以为常的方式，那就是品行障碍了。说谎违背了真诚做人的原则，不但影响人际关系、损害个人形象，久而久之，会发展为自欺欺人，使自己生活在虚假的世界中，影响个人身心健康。常说谎的人总担心事实被揭穿，心理上处于紧张状态。儿童说谎常常是对父母或周围人的说谎行为进行模仿的结果。当孩子看到熟悉的人说谎未受到指责，甚至轻易得到某些利益时，也会试着去说谎。因此，为了矫正儿童的说谎行为，父母和教师首先要做诚实处事待人的榜样，不要用谎言掩饰自己的错误或为错误找借口。说谎往往是压力的产物，压力过大就会造成欺骗。例如，孩子因拿回去一张不及格的成绩单受到父母的训斥与打骂，以后就会谎报好成绩或涂改分数。当父母不能满足孩子的一些正当要求时，孩子会编造"理由更充分"的谎话去达到目的。另外，孩子一再说谎话未受到惩戒甚至得到默认，达到了自己的目的，因而这种行为受到强化，会使说谎成为习惯，从而积习难改。对于学生的说谎行为应查明其说谎的动机，区分情况予以对待。特别重要的是，使学生形成"诚实是做人的基本原则"和"说谎不会有好结果"的认识。采用"角色扮演"的方法改善学生的认识和体验，有助于消除学生的说谎行为。

4. 如何纠正孩子恃强凌弱的欺凌行为

欺凌是中小学生中常见的一种特殊类型的攻击性行为。攻击是故意施加的没有正当理由的伤害性打击，包括身体伤害、心理伤害。欺负者凭借体力上的优势，或行为上的蛮横，或对非正式群体的控制，对弱小者施以身体上的或心理上的伤害。欺负可分为直接欺负和间接欺负。前者指打、踢、推搡、辱骂、勒索财物；后者指背后说人坏话、造谣挑唆，使受欺负者在群体中遭排斥、被孤立等。

欺凌行为在中小学生中是一种经常发生的现象，国内外调查结果报道的中小学生"有时卷入"或"经常卷入"欺凌行为（欺凌与受欺凌）的学生的比例从百分之十几到百分之三十几不等。男生比女生更多地卷入欺凌行为；男生更多地采用身体欺凌的方式，女生更多地采用言语欺凌或心理欺凌的方式；女生欺凌行为随着年龄增长而减少，男生欺凌行为随着年龄增长有增加趋势。欺凌行为对中小学生的学习和发展有着严重的不良影响。受欺负者会产生焦虑、抑郁、失眠、心神不定、注意分散、旷课、逃学、成绩下降等问题。欺负者则容易形成错误的社会观念和养成失范的行为模式，若不受到教育和惩戒，容易造成社会适应困难甚至走上犯罪道路。

对于欺凌行为，家长不要认为自己的孩子"本事大""不吃亏"就不闻不问，其实这样会助长孩子的暴力行为。家长还要和学校联系，及时了解孩子在学校的情况。

5. 如何纠正孩子虐待动物的行为

在大家的印象中，似乎很多小朋友都有曾经捉弄小动物的行为。幼儿最初的意识极为单纯，行为习惯也不固定，3岁左右的孩子通常会出现暴怒、突然发脾气、摔东西的现象，这个时候他还不能稳定地控制自己的情绪，会出现对动物的不友善行为，如踩死、掐死小动物。他自己并不知道这种行为所造成的后果，因为在行动上他还不懂哪些是社会允许的、受到称赞的，哪些是社会禁止的、受到指责的。当然，他就不能自觉遵守社会道德和行为规范。所以，一般认为7岁之前发生轻微的虐待动物的行为可以理解为正常。随着年龄的增长，7岁以后的儿童慢慢意识到自己不能虐待小动物。这种意识是在儿童成长发育过程中逐渐形成的，如果7岁以后在6个月里连续出现虐待动物的行为并且致其死亡，还伴随有其他不良行为，如撒谎、打架、偷窃等，那么家长应引起高度重视，孩子可能已经患有品行障碍。如果家长发现孩子有出现虐待动物的行为，在多次教育后不见效，建议带孩子去医院寻求专业的帮助。

我们回顾一下案例，当明明第一次出现虐待小猫小狗的行为时，家长可以这样教育孩子："明明，狗狗是人类的朋友，它也是一条生命，和我们的生命一样珍贵，你把它弄死了，狗狗的妈妈一定会很伤心的，以后可要好好爱护它们。"

一旦发现孩子有欺负弱小、虐待动物等行为，应及时纠正。这个时候家庭教育最重要，父母要学会如何引导。要把儿童的这种不良行为社会化，让他感觉到自己的行为与其他人的行为的不同，并且在别人眼里是错误行为。让孩子学会如何对待周围的人和事，知道应当做什么、不应当做什么。这个时期引导得好与坏，将决定孩子以后成为一个什么样的人。

矫正品行障碍老师该做些什么？

一是严格校园管理，严明校纪，重视对学生不良行为的干预，防微杜渐。二是加强心理健康教育，治标也治本。

（1）从心理学角度对学生品行问题干预的要点是，培养并维护学生的自尊心与进取心，并让学生掌握有效的自我管理策略和解决人际问题的方法。

（2）教师在矫正学生不良行为时，要注意满足学生合理的需要。学生的一些不良行为往往是其合理需要得不到满足时所采取的一种替代方式。例如，有的学生在课堂上的违抗行为实际是为吸引他人关注而采取的一种歪曲的表达方式。此时，教师越是反应强烈越会满足学生"设法引起他人注意的需要"，从而强化了学生的不良行为，最终事与愿违。

（3）在对学生的错误行为实行干预时，应根据导致学生此行为的需要或动机的不同，用不同的方法予以处置。现以说谎为例加以说明。第一种是试验性的说谎行为，其动机是好奇。儿童要看说谎有什么后果，老师对说谎行为会有什么反应。第二种是习得性的说谎行为。学生可能是模仿同伴说谎，或是为了逃避惩罚与压力而说谎。第三种是反应性的说谎行为，即学生是为了满足自己的强烈需要，如为了报复同学而制造有损于他人的谎言。对于第一种情况的说谎行为的辅导，教师要避免对错误行为做过度反应；对于第二种情况的说谎行为的辅导，教师要给学生提供重新学习的机会；对于第三种情况的说谎行为的辅导，教师要与学生建立良好的助人关系，对行为情境做深入的了解，制订合理的调适计划并实行。

矫正学生的品行问题可以综合利用行为矫正与认知辅导的各种方法，如学校德育中的说服教育、典型事例分析、惩罚、格言警句的警示作用等，要充分考虑学生的个别差异，合理运用，一般都能取得一定效果。

**（四）反思**

品行障碍的治疗比较困难。目前，还缺乏单一有效的治疗方法，所以品行障碍应以预防为主。预防愈早效果愈好。预防内容主要包括以下两方面：

1. 创造良好的家庭环境

良好的家庭环境是儿童健康成长的温床，正确的管教方法是儿童健康成长的催化剂。作为父母应为孩子的行为发展树立良好的榜样，尽量避免发生家庭矛盾。出现家庭矛盾应以正确的方式解决。平时多与孩子交流，发展正常的依恋关系。对高危家庭，父母可将孩子暂时寄养到正常的家庭中去。

2. 干预高危儿童

对于有品行障碍倾向的儿童在教育上要给予区别对待。首先，对于此类儿童的期望值不能过高，要与儿童的实际水平相一致。多进行一些有趣的教学活动，最大限度地提高儿童的学习兴趣，抑制其不良行为的发展。其次，要及早治疗，打断影响儿童正常发展的恶性循环，帮助他们建立正常的人际关系。

儿童的良好品德或行为障碍不是一朝一夕形成的。为了使儿童形成良好的品德和行为习惯，父母和教师一定要注意自己的教育方法，并为儿童创造一个良好的成长环境。对于某些不良的客观境遇，也要通过我们的努力减少其对儿童心灵的不良影响。

# 案例2 对孩子"哭穷"的代价
## ——一则有自我认同困扰的高中生的心理咨询案例

## 一、个案介绍

**基本信息**：小璐，女，17岁，高二学生。主要家庭成员及关系：爸爸、妈妈、姐姐和来访者一家四口人。姐姐比来访者大6岁，大学毕业后参加工作了。爸爸在老家开出租车，来访者和妈妈两人在借读的学校附近租住，妈妈每天的工作就是照顾来访者。

**对来访者的初始印象**：性格文静，说话轻声细语，笑起来有两个可爱的小酒窝，是很讨人喜欢的乖乖女的形象。

**求助的主要问题**：最近一段时间，来访者白天上课听不进去课，晚上回家也不想做作业，整天浑浑噩噩，但又不知道干什么好。想要回老家的学校上学，妈妈不同意。找不到存在的意义，不知道学习是为了什么。对未来感到迷惑，对自我产生怀疑，觉得自己一无是处。希望通过心理咨询摆脱纠结，找到人生的方向。

**来访者自诉：**"自高一下学期开始思考：我是谁？我要成为什么样的人？纠结于每天拼命学习的意义是什么，痛恨现在某些学校重智育轻德育等教育行为，但无力改变，每天上学都是流着泪去的。高二开始，不想做一个乖乖女，把自己以前想做又不敢做的事情都做了一遍，比如逃课、不做作业等。老家在外地，家人想办法让我在本地一所重点高中就读，妈妈陪读。妈妈很辛苦，省吃俭用，家里还欠了很多债务，我这样虚度光阴感觉很对不起他们。"

**成长史和重要事件：**"我的老家在农村，爸爸、妈妈都是老实巴交的农民。爸爸和妈妈结婚后，爸爸考了驾照，开出租车，我10岁时我们从农村搬到了县城。姐姐从小身体不好，爸爸、妈妈对她特别照顾，妈妈告诉我不要惹姐姐生气，家里有好吃的都是让给姐姐。爸爸开夜班出租车，白天睡觉，晚上出门，妈妈晚上睡觉带着姐姐睡，让我一人睡小床。我从小就特别乖巧，放学回家第一件事就是帮妈妈干家务活。我的学习成绩一直都很好，姐姐的成绩也不错，但妈妈总是夸姐姐，从来不夸我。姐姐高考那一年，家里气氛好紧张，我每天在家小心翼翼，不敢大声说话，走路、关门的时候稍微弄出点声音，妈妈都要骂我。记得高考前一个月，我每天中午放学回家吃过饭以后，妈妈就让我到学校去，可学校中午关门，我每天只好在街上游荡一个小时。

"在我的印象中，家里的经济状况一直都不好。爸爸开出租车收入一般，还喜欢小赌，妈妈没有工作。妈妈省吃俭用，暑假时打零工补贴家用。'这个太贵''家里很穷，要省着点''你爸爸挣钱不容易'，这是她的口头禅。但妈妈对我们的学习很舍得花钱，我从老家到市里读书交了两万元借读费，妈妈一点都没有犹豫。我和妈妈在这边，她经常给我做鱼、虾吃，说我学习辛苦要补充营养，不停地给我夹荤菜，她自己一点都不吃，她瘦得大概只有80来斤。我让她买新衣服穿，她总是舍不得。弄得我现在也不敢买衣服和鞋子，觉得我买了就是对不起她。"

"在学校里，我没有什么朋友，大概我是借读的缘故吧。我以前在班里唯一的优势是我的学习成绩还不错（但是现在这个优势也没有了）。我的同桌的爸爸、妈妈离婚了，她家住得好远，中午回家时间特别紧，我妈妈就让我以后带她回我家吃饭，希望我能交到好朋友，不让我那么孤单。同桌说交伙食费给我妈妈，我妈妈不收（我妈妈就是这样的人，宁可自己吃亏，也不能让别人说自己半个字不好）。我就不乐意，因为家里经济条件不好，虽然我同桌的爸爸和妈妈离婚了，可是她并不缺钱花，穿的用的都不差。妈妈反而说我不要那么计较，弄得我不开心。

"在学校里，老师每天除了让我们学习还是学习，没有运动和娱乐，每次考试以后都要排名，排名靠后的要请家长，虽然我从没有被请家长，但我很痛恨这种做法。我也非常痛恨高考制度，每个学生都成了考试机器，没有思想，没有自由，考上了好的大学又怎么样呢？我想自由选择自己的人生道路，不想拼一次高考决定命运。我现在很无奈，觉得生活没有目标。"

**以往咨询经历：**来访者在高一的时候找学校咨询室的老师谈过一次，老师让她要好好学习，不能辜负父母的苦心，去了之后感觉心理压力更大了。一周前的晚上，来访者实在受不了了，告诉妈妈说她快要承受不了了，想休学出去打工。妈妈慌了，托人找到心理咨询师。

## 二、咨询过程和结果

### （一）咨询设置

心理咨询每周1次，50分钟/次，收费200元/次。咨询前签订协议，告知保密原则、来访者及心理咨询师的权利和义务、请假、迟到等相关设置，取消或者更改时间需提前24小时通知。

### （二）咨询目标

来访者的咨询目标是希望通过咨询摆脱纠结，找到正确的人生方向。针对小璐的症状和咨询时间的限制，心理咨询师决定采用结构化、疗程较短的认知行为疗法，帮助她认识自我和现实，整合自我认同，以完成当前发展的任务，同时更好地应对后续发展，帮助其重建对早年经历和父母的认识。

### （三）咨询方法及过程

心理咨询师主要采用了认知行为疗法，一共进行了20次的咨询。

之所以采用认知行为疗法是因为从前面的摄入性会谈中了解到，小璐在自我认识上存在认知偏差。从认知内容上看，她从小力争优秀和出众，习惯于通过迎合来获得他人的肯定和赞扬，她没有认识到这种建立在评价基础上的来确认自我的方式很脆弱，当她在自己的学习成绩下降时，自我崩塌，从而全盘否定自我，这是一种绝对化思维。

从发展过程看，她从小就觉得不如姐姐，在她早年的经验中认为自己必须要表现好和听话才是有价值的，才值得父母爱，这是一种"有条件的爱"。这个"我不值得别人爱"的核心信念，决定了她对事物的评价和行为的动力。因此，咨询的关键在于帮助她识别负性思维和核心信念对自己的影响，从而建立积极稳定的自我认识。

咨询初期以收集资料和建立良好的咨询关系为主要目标，初步形成个案概念化。同时进行心理教育，介绍"认知三角"的知识，介绍思维（想法）、情绪、行为是如何相互影响的，介绍认知行为疗法是如何工作的。教会来访者如何对情绪命名与评估，识别来访者既往和当下的自动思维，评估来访者的咨询期待并灌注咨询希望，商定咨询计划和会谈结构。

咨询中期在建立良好的咨询关系的同时，帮助来访者学会正确识别自动思维，学会对歪曲思维进行命名，教授其处理情绪的技术以及改变认知的技巧，指导来访者进行家庭自助练习。完善个案概念化。帮助来访者将所学的认知行为疗法技术应用于生活中，巩固所学的技巧。对来访者进行心理教育，包括帮助来访者理解中间信念、核心信念的概念，帮助来访者探究其中间信念和核心信念，讨论它们是如何影响来访者的思维、行为、情绪的。收集既往资料并与既往史相联系，理解信念是如何形成的。对僵化的信念进行挑战和矫正，形成灵活的、适应性的信念体系。

咨询后期强化来访者适应性的改变，总结咨询全过程；评估咨询结果，处理分离焦虑，预防复发。讨论是否继续咨询。反馈总结。

心理咨询师与来访者的妈妈面谈，告知孩子的问题与家庭的关系，让妈妈不要把全部的注意力放在孩子身上，要有自己的生活，不然会把焦虑传递给孩子。孩子上学后，她可以去逛街、跳广场舞等。最后几次咨询，来访者告诉心理咨询师，说妈妈改变很大，比如说破天荒地第一次给她自己买了一件300块钱的衣服。

咨询后记：一年后，来访者如愿考取了一所"211"高校。

### （四）咨询效果

来访者自我评估：咨询20次后，情绪有明显改善，认识到每个人存在的意义不一样，对自己来说，存在就是意义，好好学习是让自己将来有更多的选择权。自己并不是一无是处，有不如别人的地方，也有优秀的地方。当前的任务是做好应该做的事情，完不成也不勉强自己。家里条件虽然不是太好，但是我还是未成年人，我没必要去担心，况且家里的情况在一天天变好。对咨询效果总体很满意。

咨询师评估：来访者的自我认同逐渐稳定，能充分理解自身的认知模式，形成了较为适应性的中间信念；对以往自己的"我无能""我不可爱"两大类核心信念及来源有了认识，并形成"我能力不好也不差，我是被人喜欢的"的新信念。目前，学习状态总体较好。来访者认识到自己近期的目标是好好学习，考上理想的大学，将来可以做自己喜欢做的事情。一年后随访，来访者考上了一所"211"高校，心理咨询师对咨询效果基本满意。

## 三、讨论和反思

### （一）来访者的主要问题

来访者的问题在青少年中很普遍，是自我认同危机，是对自我不确定的过度焦虑。自我认同是现代社会的产物。

什么是自我认同？自我认同也称自我同一性，指人关于自己的个体性、唯一性、完整性以及从过去到未来的连续性的感觉，是人的反思性自我的形成。简而言之，是对自我身份的确认。

适应性的自我认同是能够理智地看待并且接受自己以及外界，能够精力充沛、热爱生活，不会沉浸在悲叹、抱怨或悔恨之中，而且奋发向上，积极而独立，有明确的人生目标，并且在追求和逐渐接近目标的过程中会体验到自我价值以及社会的承认与赞许。既从这种认同感中巩固自信与自尊，同时又不会一味地屈从于社会与他人的舆论，是自己对自己所思所做的一种认可感。

自我认同形成是一个终身的过程，但在青少年阶段认同危机最突出。

著名心理学家埃里克森在其人格发展八段论中提出，青春期（12—18岁）的心理发展危机是自我同一性和角色混乱的冲突。一方面，青少年本能冲动的高涨会带来问题；另一方面，青少年面临新的社会要求和社会冲突而感到困扰和混乱。所以，青少年期的主要任务是建立一个新的认同感或自己在别人眼中的形象，以及他在社会集体中所占的情感位置，即自我同一性的建立。青少年会经常思考这样一个问题："我是谁?"自我认同包含了以下内容：我是谁（我的本质是什么）？我是怎么样的人（我的个性、特长和能力如何）？我要做怎样的人（我的愿望和理想是什么）？我应该做怎样的人？如果对这些问题回答是成功的，他们的自我认同感就形成了。

研究表明，自我同一性的获得和形成对青少年的健康成长有着重要意义，自我同一性的形成意味着确立清晰的、稳定的、强大的、社会认可的自我形象，是青少年较好地适应社会、实现自我价值的重要前提。反之，消极的自我同一性、自我同一性混乱则不利于青少年的健康成长，与青少年种种心理问题甚至是犯罪行为密切相关。

**（二）导致来访者问题的主要影响因素**

当前，我国正处于社会转型期，由传统社会向现代社会转型，由传统的同质化结构向异质化结构转型，人们摆脱了许多传统风俗习惯对个人的束缚，为个人的成长与发展创造了新空间，但是也带来了新问题。

当今青少年的自我认同呈现"两极性"的特点：依赖父母而又蔑视其权威，安于现状而又鲁莽冲动，我行我素而又缺乏创新。要准确把握青少年的特点，需要将国家、家庭、学校三个影响青少年自我认同的因素放到社会转型的背景下去理解，找到形成"两极性"特点的原因，从而帮助青少年形成良好的自我同一性，以更好地适应转型期迅速变化的社会。

1. 从国家层面来看

国家虽然出台了一系列政策推动素质教育，素质教育强调个性化教育，有利于青少年形成自我认同，但是国家教育政策的推行结果却不尽人意，有些地方的中小学仍然存在千篇一律的灌输式教育，有些学校的招生几乎以分数作为唯一标准，忽视了学生的整体素质和个性特长，因此在很大程度上不利于素质教育的实施和学生的全面发展。

### 2. 从家庭层面来看

现在的大多数父母，在他们青少年时期接受的是传统教育，面对充满变革和竞争的社会环境，会无意识中把自己的焦虑传递给子女，时刻担心孩子会落在时代的后面，造成家长唯分数论。在教养方式方面，父母对孩子的独立意识多方打压，贬低、命令成为常态。

### 3. 从学校层面来看

有些学校为了追求升学率，对学生自我意识、独立精神的培养不够重视，制造着一批又一批没有独立意识、缺乏创新意识的考试机器。

### 4. 从个体层面来看

青少年常常会觉得自己不再被父母和家人宠爱，感到不被同龄人理解和接纳，而学业和就业上的压力也会引发一部分人开始怀疑现实社会。

在此案例中，来访者在早年得到的母爱和关注极少，是其自我认同混乱的深层次原因之一。母亲在亲子关系中就如同一面镜子存在着。孩子在这面镜子中渐渐形成对自己的认识，并根据母亲的回应渐渐形成自己的各种认同和适应，最后形成自我人格。因此，这面镜子在孩子的成长过程中处于至关重要的地位。来访者感知到的是，妈妈把所有的爱都给了姐姐，她是无价值的。来访者妈妈把对未来的期望寄托在孩子身上，不考虑孩子的意见，自认为是为了孩子好，把女儿送到陌生的城市去借读，总是对孩子有意无意间传递"我为你付出了多少，你不好好学习怎么对得起我"的观点，给来访者施加了无形的压力。

### 5. 同伴的影响

青少年早期往往是一个人开始寻找可融入群体、觉察自我成熟的时期。在同辈群体中，彼此之间可以自由地交流思想，探讨感兴趣的话题，从而形成自己的价值标准。这些标准可能与社会的主流价值观相符合，也可能不符合，甚至背道而驰。他们在接纳吸收同伴行为处事方式的同时，也改造自己的行为处事方式，并形成相应的自我认同感，追求被同伴接纳和欣赏。在社会情景和同伴压力下，通过模仿和服从某种特殊的行为来摆脱他们之前幼稚的自我意象。

来访者以前在老家的学校有知心朋友，在借读的学校没有朋友，没有可融入的群体，无法形成稳定的自我认同。

6. 大众传媒的影响

大众传媒通过多种媒介，尤其是互联网，使青少年主动或者被动受到各种信息的影响，为青少年提供了"参照群体"和"角色认同"；大众传媒传递着多种情感，青少年往往会产生"情绪共鸣"，进一步提高认知的感受性。媒体消费文化中那些宣扬个人主义、利己主义、享乐主义以及以个人欲望的满足为目标的观念，容易使青少年产生自我认同危机，造成价值取向的迷失。

**（三）如何处理来访者的问题**

来访者的问题实际上是如何培养青少年的自我同一性的问题。

（1）青少年自己要意识到，要对自己的未来负责，要有自己的想法，自己要尝试建立个性化认同的空间，寻找充满正能量的同学和好朋友。

（2）作为家长应认识到社会转型造成的两代人的差异，能与孩子站在同一个角度看世界，充分尊重青少年的个人价值和自由意志，给予其成长所需的空间，同时也要积极引导，对孩子给予充分的爱和信任。

（3）学校应全面看待青少年的价值与才能，避免用单一的分数为标尺去衡量他们，学校应培养全面发展的现代人才。

总之，要从青少年自身发展的普遍性规律入手，重点解决青少年青春期的认同危机和自我迷失。包括加强社会主流价值观的构建，用多种教育方式鼓励青少年坚持正确的信念。家长、学校和社会要相互配合，让青少年接触多样化、多种来源的信息，提高自我识别和自我防御能力。要引导压力转向有利于青少年发展的方向，还应净化互联网环境，清除不良社会思想和行为模式的传播源与传播路径，创造有助于青少年良性发育的互联网空间，由此提升青少年对类似文化的免疫力。

**（四）反思**

经过20次的咨询，咨询目标基本达成，双方对咨询效果基本满意。处理分离焦虑后，商定以后有问题可以来门诊预约，最后结束咨询。

咨询的成功与以下几个因素有关：①心理咨询师与来访者交流时，不以长者自居，而是平等相待，遵循保密原则，不与来访者的家长私下联系，与来访者建立了良好的咨询关系；②来访者有较高的认知领悟能力；

③来访者的母亲有改变的意愿和能力；④议程设置具体化，行为安排循序渐进。心理咨询师对于来访者行为上小的改变及时进行肯定和鼓励。

在本案例中，来访者最难以承受的是对妈妈的内疚感。因为来访者谈起小时候妈妈对自己说的最多的话就是"我们家里很穷"。直到现在，她花钱的时候都有负罪感。在崇尚节俭的中国家庭中，家长向孩子哭穷的现象并不少见。这样的父母的口头禅是"家里没钱，你好好读书，以后只能靠你赚大钱了""这个东西这么贵，咱买不起""咱只能挑便宜的东西买""你要体谅大人上班的辛苦，买这些没用的东西对得起我们吗"。

家长"哭穷"对孩子有什么影响？

和很多父母谈及为什么明明家里经济条件不差，却要瞒着孩子，向孩子"哭穷"？父母一般都是回答，为了培养孩子勤俭节约的好习惯，防止孩子养成大手大脚花钱的坏习惯。所以，他们不但经常向孩子"哭穷"，在孩子面前表现出对金钱的忧虑，而且让孩子穿亲戚朋友家孩子穿过的旧衣服，让孩子玩旧玩具，到菜场去买要处理的水果和蔬菜。

不否认孩子因为父母经常"哭穷"而变得节俭和"懂事"，但孩子内心的匮乏感会伴随其一生，因匮乏感而带来诸多的问题。物质一直未能被适当满足的孩子，从小对金钱充满了渴望，容易形成贪婪、吝啬和自私的性格，成年后可能会唯利是图、金钱至上，不择手段地追求财富，从而容易走上违法犯罪的道路。父母经常"哭穷"会影响孩子的眼界和格局，有的会因眼前的蝇头小利放弃了更大的发展；父母经常"哭穷"会让孩子形成"我只配用不好的东西"的观念，造成孩子的自我价值感偏低，形成悲观、自卑的性格。

如何让孩子内心有富足感？如何和孩子谈钱？

贫穷并不完全由物质缺乏所致，而是由当事人对待生活的态度和行为决定的。家长和孩子谈钱的态度影响着孩子的金钱观。即使一个富裕的家庭，如果过分地对孩子强调金钱的"来之不易"，事事算计，斤斤计较，那么，孩子的内心是无法富足起来的。

正确的做法是什么？家长的言传身教最为重要。网络上流传甚广的一个小故事也许可以形象地说明这个问题。

一个美国孩子问爸爸："爸爸，我们有钱吗？"爸爸说："我有钱，你没有。你想有钱的话，要自己想办法去挣。"

一个中国孩子问爸爸："爸爸，我们有钱吗？"爸爸说："我有的是钱。等你长大了，这些钱都是你的，你要好好听话。"

上面的例子也许过于片面，以偏概全，并不能说明中外教育的差异，但毫无疑问，两种不同的教育方法，两种不同的金钱观，会让孩子收获不同的人生。

所以，爸爸、妈妈们，不要告诉孩子这个东西很贵，我们买不起，而是可以告诉孩子：我们家每个月花钱都是有计划的，如果买了这个东西，就要超过这个月的生活计划了，所以我们只能下次再买。

如果你觉得孩子年龄小，想买的这个东西不适合他，你可以告诉孩子：这个物品比较复杂，适合大孩子玩，所以你要好好吃饭、好好睡觉、快点长大，到时候我们就可以把它买回家。

不要告诉孩子：家里没有钱，以后只能靠你了。而是要说：我们家里每个人都有分工，现在我们大人负责养家，我们会努力挣钱，我们有能力让我们的生活过得不差。现在你不用操心家里钱的问题，等你长大了，有赚钱的能力了，会让你赚钱补贴家用的。

在行为方面，要定期给孩子零花钱，帮助孩子把压岁钱存起来，计划好零花钱的使用范围，如买小玩具、买小零食、班级捐款等。引导孩子树立正确的金钱观，金钱除了用于消费外，还可以"给予"，"施比受更为有福""授人玫瑰，手有余香"，让孩子明白金钱不仅是满足物质需求的工具，而且还可以用来帮助他人、服务社会。

总之，无论家庭富裕与否，家长要给孩子传递正确的金钱观，培养孩子内心的富足感，让孩子自信、愉快地成长。

# 第二部分 情绪问题

# 案例1 为什么愤怒的时候我想要伤害自己
## ——一则边缘性人格障碍来访者的心理咨询案例

## 一、个案介绍

**基本信息**：小美，女，23岁，公司职员。家中有三口人，父母在老家，来访者大专毕业后在 W 城市工作两年，某专业专升本在读。

**对来访者的初始印象**：面容清秀，长发披肩，长得清纯，一双楚楚动人的大眼睛。拘谨，脸红，垂头，说话声音低，心理咨询师要靠得很近才能听得清她说话，话很少，回答很简洁，更多的时间是沉默。

**求助的主要问题**：长期与同事关系疏离，与陌生人眼光对视会感觉紧张，同时担心别人看出自己紧张。希望通过咨询摆脱孤独感，改变社交紧张的状况。与医院电话约定初始访谈时间更改了两次，一周后到医院心理科预约面对面咨询，强调要找一个年长的女性心理咨询师。经过评估后，心理科安排了一名女性心理咨询师给来访者进行心理咨询。

**来访者自诉**："我性格偏内向，有些'宅'，个人也没有什么能力，没有拿得出手的东西。现在过的每一天都是煎熬，一开始是和男同事说话紧张，后来是和女同事说话也紧张，最后发展到与陌生人眼光对视也感觉紧张，还总是担心别人会看出自己紧张。与同事关系疏离，渴望接近别人，但又害怕被轻视、被人家看不起。在公司工作特别努力，经常加班，还帮同事做额外的工作，希望他们能喜欢我，希望领导能重视我，可是同事都是势利小人，利用完我后又把我甩到一边，这些都让我感到愤怒，但我又不敢拒绝，下次还要给他们帮忙。每天早上上班前一个小时就开始担心：这一天该怎么过啊。我要生存，不能不工作，但这样又太痛苦了。我与另外两个女孩合租，她们两个晚上在客厅里面看电视，嘻嘻哈哈，我就像个外人。晚上躺在床上是我最孤独的时候，总是想自己为什么要活在世上。最难过的时候，我用铅笔刀在手腕上划过，其实并不感觉到痛，但疼痛能让我感觉到我还活着。"

**成长史和重要事件：**"我虽然是独生子女，但我感觉不被父母待见。爸爸是复员军人，后来到派出所当了一名警察，妈妈在乡政府当计划生育干部，两个人关系不好，经常吵架。我爸爸在家是唯一的男丁，他上面有三个姐姐。爸爸脾气特别暴躁，妈妈生我后身体不好，听我外婆说我妈妈那时经常哭，奶水不够，我只吃了三个月的母乳。奶奶说我小时候身体不好，经常半夜要去看急诊。

"记得大概是我上幼儿园的时候，爸爸当了领导，工作特别忙，妈妈要去孕妇或产妇家里做工作，有时候晚上就把我一个人丢家里。记得有几次醒来后发现爸妈不在家，我想要尿尿，可家里黑漆漆的，又不敢去厕所，就尿在床上了，妈妈回来后把我大骂了一通，说我这么大还尿床，真不知羞耻。上小学的时候，我的学习成绩不好，爸爸平时不管我，但成绩单一到，爸爸就会大发雷霆，说生了你这个没用的废物。妈妈在旁边只会唉声叹气。有一次，我还听到爸爸和妈妈商量生二胎，妈妈坚决不同意再生，我既难过又高兴。难过的是爸爸总是不喜欢我，高兴的是妈妈不同意再生，不会有弟弟、妹妹和我争宠了。到了初中，我好像突然开了窍，成绩直线上升，中考以全班第一名的成绩考上了我们当地的重点高中。可上了高中后，我开始住校，我因与室友相处不好，就开始走读。有一天，妈妈告诉我：爸爸出轨了，他们两个要离婚。妈妈说，为了我，她不会离婚，她要拖住爸爸。此后，我回家经常看到妈妈以泪洗面，还有一次妈妈带着我去捉奸，可是没捉到。妈妈经常在我面前说爸爸的不好，说我以后嫁人要看清楚了，说爷爷、奶奶一家人都不好，重男轻女，要我争气。从那个时候开始，我就特别恨爸爸。后来，妈妈说得多了，我就烦了，也懒得听了，觉得家里不清净，还是去住校比较好。我的学习成绩慢慢变差，我也着急，但就是学不好。高考没考好，只考上了大专。读大二期间认识了我前男友，他是我的初恋。男友是W市人，大专毕业后，我追随男友来到陌生的W市，来到这里什么都不适应，和男友经常吵架，三个月以后分手了。妈妈劝我回家，但我不想回家以后受妈妈控制，而且也不想离开这个伤心之地，我觉得我有点自虐。参加工作两年以来，我前前后后换了5份工作，最长的一份工作干了8个月，最短的只干了1个月不到。现在的工作是公司文员，负责客户的回访，整天面对那些难缠的客户好烦。朋友很少，只有老家一两个高中同学还有联系。在公司里，我不怎么说话，是因为一看到同事我就紧张得要命，脸红，手心冒汗，生怕别人知道我紧张，轻视我。心里面挺孤独的，同事出去吃饭、逛街也不叫我。半年前，我通过了专升本考试，我想等本科毕业后再去考研究生。

"刚来到现在这个公司的时候，遇到了一个女孩，是做前台的，性格活泼、热心肠，看我经常独来独往，就经常找我说话。她比我来公司早，熟悉公司的情况，在工作和生活中关心我、帮助我，所以我心情不好的时候会找她谈心，谈我的家庭、我的前男友，还有我怕见异性的情况，甚至把我家里的情况都告诉她了。但是有时我感觉她对我有些戒备，不怎么跟我说她的事情，一定是不信任我，我有些生气。看到她跟公司里其他人一起说笑的时候，我都不想搭理她了。下班后，我就把她的QQ和微信都拉黑了。

"不知道为什么，我和妈妈也亲近不起来，每次都是她主动给我打电话，我觉得和她没话说。我能感觉到妈妈想和我亲近，可我就是觉得别扭。"

**以往咨询经历**：在大学期间，曾经在学校的心理咨询中心咨询过3个月。一个月前在外地某咨询机构咨询过2次，曾在本地医院心理科被诊断为"情绪问题，焦虑、抑郁状态"，心理咨询师建议其接受长程的心理咨询。心理咨询到第15次时，心理咨询师建议来访者去精神卫生中心做系统的精神科诊断，并咨询是否要进行药物治疗。来访者被诊断为"抑郁障碍、边缘性人格障碍"。

## 二、咨询过程和结果

### （一）咨询设置

心理咨询每周1次，50分钟/次，收费200元/次。咨询前签订协议，告知保密原则、来访者及心理咨询师的权利和义务、请假、迟到等相关事项，取消或者更改时间需提前24小时通知。本书截稿前已咨询72次。

### （二）咨询目标

来访者来访时的咨询目标：摆脱孤独感，改变社交紧张的状况。针对小美的症状，最初决定采用结构化、疗程较短的认知行为疗法，帮助她改善情绪。随着咨询的进展，心理咨询师发现其可能有边缘性人格障碍，经心理咨询师建议，来访者去某精神卫生中心诊治，诊断为"抑郁障碍、边缘性人格障碍"。经与来访者协商，咨询以采用心理动力学方法为主，同时也会运用一些认知行为疗法的技术。

### （三）咨询方法及过程

初始访谈阶段主要收集来访者的资料，进行心理评估，建立咨询联盟，商定咨询目标等。医学评估首先要评估患者是否存在器质性疾病、是否需要药物治疗、出现不良后果的风险等，以判断来访者是否适合做心理咨询，以及采用何种心理咨询方法。

计划主要采用心理动力学的方法，先是进行了心理动力学评估。资料来源于询问病史和心理动力学倾听。评估的内容包括来访者主诉、现病史、既往史、家族史、发展史、创伤事件、精神状态检查结果、医患互动模式、移情和反移情等。通过评估实现从心理动力学的视角理解患者主观描述的过去的和现在的经历。根据心理动力学的解析，心理咨询师可以对潜在的医患互动、患者的防御模式和人际互动做出预测。

咨询中期，通过心理动力学的方法帮助来访者理解其问题的成因，运用支持性和表达性技术，不断把反移情整合入解释过程中，进行移情分析，探索来访者过去的事件和其当前症状之间的关系，处理阻抗，在建立良好咨询联盟的基础上，澄清、面质、解释。咨询后期，处理分离焦虑，讨论咨询的收获与遗憾，评估疗效。来访者认为，心理咨询帮她认识了自己，发掘了自身才能。

咨询过程一波三折，来访者心理领悟能力强。在咨询初期，来访者对心理咨询师的正移情产生了"蜜月效应"，来访者改变之大让心理咨询师都不敢相信，情绪稳定，行为改变，学习了很多技能。在咨询中期，来访者频频打破设置，试探心理咨询师的容纳程度，但又不愿意讨论，后又认为心理咨询师技术不行，威胁要中断咨询，咨询陷入了僵局。在督导的帮助下，心理咨询师本着"不带诱惑地深情，不含敌意地拒绝"的态度，真诚接纳来访者的见诸行动，找准时机，探究其否认的防御机制时出现阻抗，及时处理。来访者逐渐理解了早年的经历对自己现在的影响，正逐步改变迎合他人的社交模式。咨询了72次，本书定稿前咨询还在进行中，部分议题涉及讨论心理咨询师与来访者之间的关系。

### （四）咨询效果

咨询师对咨询的总体评价：经过72次的咨询，来访者的情绪变得比较稳定，社交紧张的状况有所改善，冲动性的行为减少，逐渐理解了早年的经历对现在的影响，正逐步改变迎合他人的社交模式。来访者部分咨询目标初步达成。

## 三、讨论和反思

### （一）来访者的主要问题

来访者首次咨询前在本地医院心理科被诊断为"情绪问题，焦虑、抑郁状态"。咨询到第15次时，心理咨询师建议其去精神卫生中心做系统的精神科诊断，并咨询是否要进行药物治疗。来访者被诊断为"抑郁障碍、边缘性人格障碍"。

心理咨询师根据来访者的症状、病程和对社会功能的影响程度等进行心理动力学评估，不做疾病的诊断，仅仅对来访者进行描述性的评估。

是否存在"边缘性人格障碍"是有争议的，有人否认这一障碍的存在，认为其不是人格障碍的亚型。在我国，CCMD-3中的人格障碍没有这一亚型，所以一段时间内对此疾病的诊断出现困难，在临床上常被误诊为情感障碍、精神分裂症、神经症等。ICD-10、DSM-Ⅳ认可这一诊断的存在。边缘性人格障碍的诊断存在一定的难度，其中很重要的原因是其与其他精神障碍的共病率高，尤其是与情感障碍有较高的伴发率。DSM-Ⅴ仍然保留了这一诊断。

边缘性人格障碍的核心特征是情绪不稳定、冲动、攻击与自身攻击性行为、不稳定的自我认同和紧张的人际关系。边缘性的概念在精神病学和精神分析领域长期以来一直备受争议。术语"边缘性"表明其在精神病理学中处于一个中间地带。一直以来，对边缘性人格障碍尚缺乏系统的流行病学研究。边缘性人格障碍一般起病于青春期晚期或者成年早期，很多研究表明，患边缘性人格障碍的女性多于男性，原因尚不明确。

DSM-V 关于边缘性人格障碍的诊断：这是一种人际关系、自我意象和情绪情感不稳定以及显著冲突的普遍心理行为模式。始于成年早期，存在于各种背景下，表现为下列（或更多）症状：①极力避免真正的或想象出来的被遗弃（注：不包括诊断标准第5项中的自杀或自残行为）；②一种不稳定的紧张的人际关系模式，以极端理想化和极端贬低之间不断变化为特征；③身份紊乱，显著的持续而不稳定的自我形象或自我感觉；④至少在两个方面有潜在的自我损伤的冲动性（例如，消费性行为、物质滥用、鲁莽驾驶、暴食）（注：不包括诊断标准第5项中的自杀或自残行为）；⑤反复发生自杀行为、自杀姿态或威胁、自残行为；⑥由于显著的心境反应所致的情感不稳定（例如，强烈的发作性的烦躁，易激惹或是焦虑，通常持续几个小时，很少超过几天）；⑦慢性的空虚感；⑧不恰当的强烈愤怒或难以控制发怒（例如，经常发脾气，持续发怒，重复性斗殴）；⑨短暂的与应激有关的偏执观念或严重的分离症状。

从上述症状诊断标准中可以看出，边缘性人格障碍的突出表现是情绪情感、人际关系、自我意象的不稳定；行为的冲动性，持续的空虚感及一些短暂的偏执观念或分离症状。下面以本案例的来访者小美为例来说明一下上述的症状：

1. 被抛弃的恐惧

边缘性人格障碍有显著的分离焦虑，极度缺乏安全感。由于有被抛弃或分离的经历，来访者缺乏被爱的体验，所以对抛弃、分离异常敏感。当面对分离、被拒绝的现实甚至是想象中的分离时，都可能出现强烈的反应，竭力避免分离情景，并有可能采取极端行为如自杀、自残等来阻止被抛弃。比如，当公司同事一起去吃饭没有叫小美（因为以前同事叫她一起，她因为忙或者害怕，很多次都婉拒了，但她意识不到这样的原因），她感觉到被抛弃时，便认为所有人都讨厌她。她头脑中会出现这样的意象：一个人孤独地躺在大街上，濒死的状态，也没有人来看她一眼。虽然内心害怕孤独，极度渴望有人关心她，但她不会主动寻求安慰。由于极度害怕被别人忽略和抛弃，所以她在感觉到被人厌烦之前会不断试探对方，挑战对方能容忍自己的底线，不断寻找对方讨厌自己的证据，在对方离开自己之前先结束某段关系，她的几个好朋友就这样一个个和她分开了。

再比如一次，她的一个好朋友有一个小时没回复她的QQ，她变得很恐慌，想知道发生了什么，就不停地拨打好朋友的电话，而好朋友当时正在开会，把她的电话拒接了，她开始幻想最近几天自己哪里做得不好而让好朋友讨厌了。接下来，她把好朋友的所有联系方式拉入黑名单。到晚上，好朋友来敲她房间的门，她装作不在房间而没应答。好朋友走后，她大哭了一场，恨好朋友为什么不多敲一会门，为什么不多给她一些时间。

2. 人际关系不稳定

尤其是亲密关系的不稳定。边缘性人格障碍患者的人际关系的特征：在极端理想化和极端贬低之间不断变化。边缘性人格障碍患者的人际关系不稳定，无法承受分离，害怕被吞噬。他们会在极端理想化和极端贬低两极之间摇摆，一旦亲密关系中的一方承受不了这种过度理想化的状态，开始拒绝对方的依赖时，他们又会走向另一种极端，开始贬低对方。来访者在与男友恋爱期间，不断上演这种"亲密—疏离"的模式，会以某些极端手段操控对方，她就曾经自残过多次，希望对方能够多关心自己。

这种不稳定的人际关系也体现在咨询关系中。与具有边缘性人格障碍的来访者工作是对心理咨询师极大的考验。甚至有传言说，具有边缘性人格障碍的来访者是咨询师的"杀手"。他们同样会理想化和贬低心理咨询师，心理咨询师一会儿是天使和救星，一会儿是魔鬼和杀手。在本案例中，来访者小美在咨询的开始阶段理想化心理咨询师，说现任心理咨询师比她以前的心理咨询师水平高，像个温暖的妈妈；慢慢地，来访者开始抱怨咨询没效果、收费高，到了第9次咨询时，来访者开始迟到，甚至在第11次咨询时爽约。就迟到和爽约进行讨论时，来访者解释迟到和爽约是因为路上堵车和忙忘记了，拒绝讨论是否因为对心理咨询师有敌意才导致迟到或者爽约的。这样的事情发生过多次后，特别是来访者在抱怨咨询没有效果时，经常把现任心理咨询师与之前的心理咨询师进行比较，抱怨现任咨询师的自私和冷漠，不关心她的感受，只对别的来访者好，对她只是为了多收费才把她留到现在，对现任咨询师无情的攻击也诱发了现任咨询师对她的愤怒和不满，甚至激发了现任咨询师的无能感，以至现任咨询师开始怀疑自己的工作能力和有了想结束咨询的冲动。和来访者讨论其对心理咨询师的感受以及生活中来访者是否有无意识破坏人际关系的行为时，来访者表达出对亲密关系的渴望和对亲密关系丧失的恐惧。

3. 自我身份认同紊乱

正常的成年人会有稳定的自我认同和自我认知，而边缘性人格障碍患者的自我意象不清楚或者转换很快，对诸如"我是什么样的人""我要成为什么样的人"之类的问题很困惑。他们的自我意象混乱会在现实生活中体现出来。来访者小美在情绪好时，会感觉自己是有价值的，是一个好人；当在情绪低落时，会觉得自己一无是处，是一个坏人。

4. 冲动及自毁、自杀行为

边缘性人格障碍患者控制情绪和耐受挫折的能力非常差，经常出现不计后果的冲动行为，情感爆发时会出现暴力攻击、自伤、自杀行为，还有冲动性的酗酒、挥霍、药物滥用等行为。该案例中的来访者时常会因突然的一个念头产生情感爆发，出现暴怒、冲动或攻击行为，她的冲动、攻击行为一般针对自身，如自伤。出现这些冲动行为的原因或是为了消除内心的焦虑和恐惧，或是一种长期压抑的愤怒突然爆发，也有可能是一种控制他人的操纵行为和威胁姿态。

来访者在咨询过程中出现的冲动及自毁、自杀行为一般称之为见诸行动，体现在咨询关系中，来访者会迟到、爽约、拒绝付费、言语和行为攻击心理咨询师、威胁自杀和离家出走等，甚至有的来访者会诱惑心理咨询师陷入情感纠缠，进而控告心理咨询师对他们进行了性侵犯。

5. 情绪不稳定

由于显著的心境反应所致的情感不稳定，微小的刺激可以引起边缘性人格障碍患者强烈的情绪反应，在情绪低落和情绪高涨中快速改变，在愤怒和焦虑、沮丧和焦虑中的转换更频繁，且会需要更长的时间恢复到平稳的情绪状态。比如说，当她的领导说她文件有一个地方打印错误，让她以后认真一点的时候，她就会特别难过，觉得自己连这样的小事都做不好，没脸在公司再待下去，此后的一个晚上都处于情绪低落当中。但是第二天，领导当众夸她以公司为家、经常加班时，她又特别开心，整个上午都处于兴奋之中。但是，接到一个客户的投诉电话以后，她又陷入焦虑和愤怒当中。

6. 慢性的空虚感

边缘性人格障碍患者常常处于一种慢性持久的空虚感和厌倦感中，感觉生活没有意义，生活缺乏实际的目标。为了解除内心的空虚，患者不断寻找事情去做，无法忍受自己虚度光阴，但做事往往有始无终。如来访者诉说最多的感受就是空虚，会因为一天碌碌无为而内疚自责。

7. 应激性的精神病性症状

边缘性人格障碍患者的精神病性症状一般比较轻微，历时短暂，多发生在应激情况下，可在几分钟至几小时内恢复。言语缺乏条理，动作杂乱，无目的性，对周围感知不真切，出现人格解体和非真实感，但其现实检验能力相对完好，自知力要好于精神分裂症。也有一些患者出现分离症状，一般来说这些症状比较轻微，历时短暂，精神压力解除后能很快缓解。本案例中，来访者应激性的精神病性症状表现不明显。

**（二）导致来访者问题的主要影响因素**

边缘性人格障碍的影响因素尚不明确，产生的可能原因包括：

1. 遗传因素

一些研究表明，边缘性人格障碍患者的家庭背景中抑郁症多见，而且与对照组相比较，他们的亲属中有较多患有心境障碍。一些双生子和寄养子的研究表明，人格障碍会遗传。脑病理学研究发现，部分边缘性人格障碍患者的神经影像学和MRI（磁共振成像）显示其脑结构（功能）不良。一些研究显示5-羟色胺与攻击行为、冲动行为相关，多巴胺、去甲肾上腺素也与攻击行为相关，乙酰胆碱酯酶抑制剂可能介入到边缘性人格障碍患者的情感不稳定特质，但这些研究并不具备特异性。

2. 心理与社会环境因素

一些研究认为，边缘性人格障碍患者早年创伤的发生率高，这些创伤性经历包括情感忽视、过度保护、分离、性虐待、躯体虐待、精神虐待等。精神分析的视角似乎更容易解释边缘性人格障碍，客体关系、依恋理论等常被用来解释边缘性人格障碍症状的形成和表现。

依恋理论认为，边缘性人格障碍患者多数在早年过早与主要照顾者分离，未能建立安全型的依恋模式。客体关系理论认为，边缘性人格障碍患者的心理防御机制主要包括分裂、理想化、贬抑以及投射性认同。分裂意味着要么全好要么全坏；理想化即认为客体是完美的，而认为自体毫无价值；贬抑即认为自体是完美的，而认为客体是毫无价值的。上述心理防御机制导致患者不能在内心统合好与坏两方面的客体，导致全盘肯定或全盘否定。

研究发现，一些边缘性人格障碍患者有童年被忽略、被分离或被虐待的经历，有的长期受到情绪极不稳定的父母的影响，导致无法将好与坏两方面融合，无法对世界产生统一和综合的观念。要么全好要么全坏，患者形成一种极其不稳定的人格。因此，我们常常看到，患者对与其有重要关系的他人的态度经常在极端亲密和极端对立之间快速转化，当其需求得到满足时，便把对方理想化，但当其需求无法得到满足时，则会暴怒或贬低、攻击对方，因此难以与重要他人维持稳定而持久的亲密关系。

**（三）如何处理来访者的问题**

边缘性人格障碍是一种介于神经症和精神病之间的心理障碍，是一种咨询难度相当大的心理障碍。主要方法包括药物治疗和心理疗法。

1. 药物治疗

药物不能治疗边缘性人格障碍，但对伴随的情绪问题有效，如抑郁、冲动和焦虑。药物包括抗抑郁药物、抗精神病药物和抗焦虑药物，锂盐和抗惊厥药（如卡马西平等）已用于治疗情绪不稳定和冲动行为。SSRIs（五羟色胺再摄取抑制剂）可用于改善抑郁情绪。小剂量抗精神病药物短期可减少轻度精神病性症状。

需要注意的是，边缘性人格障碍患者的服药依从性差，常常漏服、多服或自行停药，有的甚至会囤积药物实施自杀。因此，医生在给患者开药时要注意宣教，提高患者药物治疗的依从性。同时，要特别注意监测疗程，警惕患者滥用和自杀的风险，避免大处方。

2. 心理疗法

基于边缘性人格病理的严重性以及患者的情绪和人际关系的不稳定，患者强烈的负性移情以及心理咨询师的反移情使得对这些患者的心理咨询更困难，但并不意味着心理咨询对边缘性人格障碍患者无效。临床研究表明，对边缘性人格障碍患者有益的心理疗法包括支持性心理治疗、精神分析（动力性）心理治疗、认知行为疗法、移情焦点治疗、辩证行为疗法等。

良好的咨询联盟是边缘性人格障碍患者心理咨询成功的基本保障。咨询的关键是建立咨询的框架，限定设置，帮助患者明确自己在咨询中的责任和义务。同时，保持中立性，警惕患者的见诸行动，把防止自杀、自伤行为放在首位处理，在适当的时机与患者讨论继发性获益。

支持性心理治疗不仅是建立治疗联盟的基础，它也是边缘性人格障碍有效的治疗方法。共情、尊重、积极关注、鼓励、安慰、指导、建议等可以稳定患者的情绪，在一定程度上也可以使患者的症状缓解。

认知行为疗法：通过改变患者不合理的认知，从而改变其负性情绪和冲动、破坏性的行为，最终帮助其了解自身行为的根源——核心信念的来源，进一步动摇其核心信念。

弗洛伊德认为，由于边缘性人格障碍患者原始的防御机制、高度不稳定的客体关系，心理咨询师在与这些患者进行密集的精神分析过程中，容易引发心理咨询师难以承受的反移情。患者强烈的负性移情，如自杀威胁、攻击、贬低和性诱惑等常常会诱发心理咨询师强烈的无助、愤怒、恐惧等，因此边缘性人格障碍患者不适合采用精神分析治疗。但是随着客体关系理论和自体心理学理论的兴起，精神分析师越来越多地在临床实践中采用心理动力学方法对边缘性人格障碍患者进行咨询。

心理动力学心理咨询师认为，反移情是理解患者最好的工具。面对患者强烈的负性移情，温尼科特的"不带诱惑地深情，不含敌意地拒绝"是最好的态度。当心理咨询师在患者面前不带敌意地表达自己的感受，并能通过这种感受体验患者的感受时，一方面会给患者树立真诚的榜样和示范，让其认识到真实表达负性情感并不可怕，并不会像想象中的那样会破坏亲密关系；当心理咨询师以"不含敌意地拒绝"做出回应时，患者又建立了新的情感体验。

近年来，新型的针对边缘性人格障碍患者的治疗方法不断出现，其中辩证行为疗法和移情焦点治疗是两种核心治疗方法。详见专栏1、专栏2。

---

### 专栏1：边缘性人格障碍的辩证行为疗法

辩证行为疗法（DBT）是国际上公认的对边缘性人格障碍有效的一种新型认知行为疗法。辩证行为疗法是由传统认知行为疗法（CBT）演变而来，强调接受与改变之间的平衡，是一种以辩证法为特征的新型心理疗法。目前，主要用于对边缘性人格障碍和自杀行为的治疗。

辩证行为疗法是美国华盛顿州立大学Martha Linehan博士和她的同事于1991年创立的，最初他们在大量的临床实践中发现了传统认知行为疗法，主要适用于情绪障碍的治疗，对人格障碍疗效不佳，才逐渐将传统认知行为疗法发展成辩证行为疗法。该疗法融合了精神分析动力学疗法、认知疗法以及人际关系疗法等多种治疗方法，吸纳了东方哲学和佛教禅学的精髓，成为一种适应性广泛的心理治疗手段。

辩证行为疗法中的辩证是指一种看待世界的方式，理解不同立场的合理性，其目标并不是寻求"真理"或"对错"。辩证行为疗法的基本治疗目标是修正行为，即增加适宜行为和减少不适宜行为，根据不适宜行为的轻重缓急程度将治疗过程分为一个治疗前阶段和四个治疗阶段。每个阶段都有其特定的治疗目标。①治疗前的承诺与认同阶段：心理治疗师要在治疗前获得患者的初步认可，与其建立良好的协作关系，并要求患者做出达成治疗目标需承担义务的承诺。②行为严重失调阶段：主要强调稳定和控制患者行为，且遵循一定的治疗顺序。首先处理威胁生命的行为，如自残、自杀行为；其次处理干扰治疗的行为，包括侮辱心理治疗师、迟到、缺席和缺乏继续合作的意愿等；最后增强患者的行为能力和提升患者的生活质量，包括处理其他临床诊断如社交障碍、饮食失调，处理伴侣关系，明确工作和生活的目标等。③沉默的绝望阶段：帮助患者体验健康的情绪，调整心态，治疗其心理创伤；鼓励患者回忆和接受创伤事实，减少耻辱感和自我非合理化认同、自我责备，减轻压力侵扰反应。④不完全失调阶段：治疗目标是使患者获得正常的喜怒哀乐、独立的自我尊重意识，增强其忍受社会批评的能力。⑤半完成阶段：帮助患者克服自我不完整感，增强其维持快乐的能力。

辩证行为疗法四种极为重要的技巧，当某些情绪困扰你的时候，它们能减小你情绪波动的幅度，让你保持平衡。①痛苦承受技巧。帮助你通过建立良好的心理弹性以更好地应对痛苦的事情，并且教给你缓和消极环境因素影响的新方法。②正念技巧。帮助你忽略过去的痛苦经历和未来可能发生的恐惧事情，从而更充分地体验当前的经历。③情绪调节技巧。帮助你更清楚地认识你的感受，然后体察每一种情绪而不是被它们左右。④人际效能技巧。给你新的方式来表达你的信念和需求，设定原则，协商解决问题的方法。

在对边缘性人格障碍患者进行治疗的过程中,要遵循辩证法的基本原则以及因治疗需要签订的协议,选择合理的治疗模式和技能训练方法,力求在每个治疗阶段都能达到预期的治疗目标。边缘性人格障碍的治疗过程非常缓慢,需要心理治疗师与患者坚持治疗,坚定信念,但即使心理治疗师完美地使用了辩证行为疗法,治疗也可能会失败。

资料来源:

https://baike.baidu.com/item/辩证行为疗法/17046485.

### 专栏2:边缘性人格障碍的移情焦点治疗

移情焦点治疗(TFP)是Kernberg发明的用于治疗人格障碍的动力学疗法,最初叫作表达性心理治疗。20世纪90年代,Clarkin等人把这种疗法系统化、手册化,便于临床操作,改名为移情焦点治疗,并做了疗效研究。

移情焦点治疗的基础理论是Kernberg等人有关边缘性人格结构的精神分析学说。移情焦点治疗是用来治疗边缘性人格结构者的动力学心理治疗模型,并不仅仅针对边缘性人格障碍患者。Kernberg等认为,人格障碍患者的主要问题在于缺乏对心理结构的整合能力。

移情焦点治疗的治疗策略分为三个部分:治疗战略,是有关整个治疗疗程构架的策略;治疗战术,是有关每一次会面时间的治疗策略;治疗技术,是在治疗师和患者的对话过程中使用的技术。

治疗战略:移情焦点治疗的总目标是聚焦于身份认同弥散和原始性防御机制的解决与整合。这主要是通过识别和修通移情情景中的原始成分,让患者逐渐整合,形成正常的身份认同。

治疗战术:治疗战术即单次会面中的治疗策略。包括4个策略:①设定治疗合同;②选择并锁定优先主题;③保持患者和心理治疗师、治疗和现实性的矛盾关系两者之间的平衡;④调整情感卷入的深度。

治疗技术:治疗技术是心理治疗师在和患者的对话过程中所使用的技术。移情焦点治疗包含了5个技术要领:①保持技术性中立;②把反移情治疗整合到解释过程中;③保持治疗框架;④移情分析;⑤解释过程:澄清、质对、解释。

具体治疗的方法可参阅心理学家童俊和李孟潮的相关著作。

资料来源:

http://www.psychspace.com/psych/viewnews-1965李孟潮.

### 3. 住院治疗

与门诊治疗相比,住院治疗可以更好地监护那些冲动型的患者,可以使他们免于自我伤害。边缘性人格障碍患者容易遇到需短期住院的危机,主要包括短暂的精神病特征、严重的抑郁、急性或牢固的自杀观念。当患者服用抗抑郁药后，抑郁症状逐渐缓解时，因为有了足够的产生冲动行为的自由能量和残留的绝望情绪，患者反而具有了很高的潜在的自杀倾向性。如果社会或患者家属能提供的协助又很少，特别是针对有药物和酒精滥用史的患者，短期的住院治疗是很有必要的，以防止患者的自残或自杀行为。

**（四）反思**

来访者运用的分裂的防御机制，使得心理咨询师承受了强烈的无助、愤怒、恐惧，在来访者频频打破设置、不断试探心理咨询师甚至攻击心理咨询师的时候，心理咨询师有放弃咨询并将来访者转介其他心理咨询师的想法。在督导的帮助下，心理咨询师本着"不带诱惑地深情，不含敌意地拒绝"的态度，真诚接纳来访者的见诸行动，终于"柳暗花明又一村"。来访者逐渐理解了早年的经历对自己现在的影响，正逐步改变迎合他人的模式。

心理咨询师对咨询的总体评价：经过72次的咨询，来访者部分的咨询目标初步达成，但心理咨询师清醒地认识到，来访者的问题并未彻底解决，在新的防御机制尚不稳定时，其亲密关系的模式必然会在咨询关系中重复出现，心理咨询师需要继续严格设置，保持咨询的稳定性，汲取辩证行为疗法和移情焦点治疗的精髓，为我所用，更好地帮助来访者。

# 案例2　我为什么总是找不到工作
## ——一则轻度抑郁来访者的心理咨询案例

## 一、个案介绍

**基本信息：**文武，男，27岁，大学毕业，未婚，来访者首次咨询时处于失业状态。来访者在家中排行第二，有一个姐姐，比来访者大5岁。父母都已60多岁，下岗后再就业。来访者认为父亲懦弱，一贯讨厌父亲；认为母亲嘴碎，脾气坏，有点厌烦母亲。父母经常吵架，让来访者心烦意乱。姐姐在一家企业任文员，对来访者不错，但来访者不愿与姐姐交流。来访者的爷爷、奶奶都80多岁了，来访者与爷爷、奶奶很亲近。爷爷是个退休教师，性格古板，有文化，爱学习；奶奶很慈祥，但身体不好。爷爷、奶奶两人居住在一起。

**对来访者的初始印象：**中等身材，平头，斯文，戴眼镜。走入咨询室，不等心理咨询师招呼，他就迫不及待地坐下。身体几乎陷在沙发内，很慵懒的样子。首次咨询中，来访者思维较清晰，语速中等，略显焦虑。在整个咨询过程中，心理咨询师发觉来访者身体越坐越下陷，几乎是半躺在沙发上，双脚不停地点地。心理咨询师对来访者的慵懒、漫不经心的状态感觉有点不舒服。

**求助的主要问题：**情绪低落两月余，整天感觉空虚、茫然，不知道如何与人相处。来访者表示不想就这样浑浑噩噩过下去，希望通过咨询能找到自己喜欢且适合自己的工作，希望同朋友和家人能和谐相处。

**来访者自诉：**"我两个多月前从一家工厂辞职，目前失业在家。想去找工作，但不知道自己适合什么样的工作，整天很茫然。讨厌父母整日吵架，与朋友来往很少。三年前考驾照至今未通过，平时练习还好，考试时特别紧张。身边人考驾照都能一次通过，而我科目二已经考两次了还没通过。教练脾气不好，说我孤僻。现在我一想到要去驾校就畏惧，总是拖着不想去。半年前觉得胃不舒服，去医院做过两次胃镜检查，有的医生说没事，有的医生说要定期检查。我的家庭条件、工作、学习、人际关系、恋爱、健康等方面都不如别人，我的人生很失败，前途渺茫。"

**成长史和重要事件：**"由于违反计划生育政策，我出生后被父母送到爷爷、奶奶家，七岁上小学时才回到父母身边，但感觉和父母不亲近。爷爷、奶奶特别疼爱我，对我寄予厚望。我从小到大学习成绩一直不好，没有什么朋友，经常独来独往，特别畏惧老师。高考超水平发挥，结果意外考取了一所三本院校。在大学期间，不思学习，整天打游戏，延迟一年才拿到毕业证。大学毕业后到外地做销售做了半年，后来在一家物流公司工作一年多。在物流公司工作期间喜欢一个女生，向该女生表白后被拒。加上又觉得物流公司工作没前途，后又辞职，目前失业在家，整天打游戏。三年前开始考驾照，考过两次科目二，没通过，现在一想到考驾照就很紧张，也没有动力去考。"

**以往咨询经历**：一个月前，来访者在当地一家三甲医院心理科就诊，被诊断为"轻度抑郁状态"，开了抗抑郁药，但自己没拿，觉得自己没那么严重。在网上找到本咨询中心，由助理首访后安排至本心理咨询师处咨询。来访者对心理咨询有所了解，认为心理咨询很正常，在心理咨询师的帮助下可以解决自己的问题。之前未接受过正规的心理咨询。

## 二、咨询过程和结果

### （一）咨询设置

心理咨询每周1次，50分钟/次，收费200元/次。咨询前签订协议，告知保密原则、来访者及心理咨询师的权利和义务、请假、迟到等相关设置，取消或者更改时间需提前24小时通知。

### （二）咨询目标

来访者希望通过咨询能改善情绪，找到自己喜欢的且适合自己的工作，学会与人正常交往。双方协商制定的咨询方案：借助心理动力学的理论，帮助来访者理解其问题的成因；采用认知行为疗法，帮助来访者处理生活中的负性自动思维、中间信念乃至核心信念。来访者一共进行了30次的咨询。

### （三）咨询方法及过程

咨询初期以收集资料和建立良好的咨询关系为主要目标，初步形成个案概念化。同时进行心理教育，介绍抑郁的形成原因、思维和行为特点，介绍抑郁的发生发展过程以及轻度抑郁的疗效等。介绍"认知三角"的知识，思维（想法）、情绪、行为是如何相互影响的，认知行为疗法是如何工作的。教会来访者如何对情绪进行命名与评估，识别来访者既往和当下的自动思维，评估来访者的咨询期待并灌注咨询希望，商定咨询计划与会谈结构。

咨询中期在建立良好的咨询关系的同时，帮助来访者学会正确识别自动思维，学会对歪曲思维进行命名，教授其处理情绪的技术以及改变认知的技巧，指导来访者进行家庭自助练习。完善个案概念化。帮助来访者将所学的认知行为疗法技术应用于生活中，巩固所学的技巧。进行心理教育：理解中间信念、核心信念的概念，帮助来访者探究其中间信念和核心信念，讨论它们是如何影响来访者的思维、行为、情绪的。收集既往资料并与既往史相联系，理解信念是如何形成的。对僵化的信念进行挑战和矫正，形成灵活的、适应性的信念体系。

咨询后期强化来访者适应性的改变，总结咨询全过程；评估咨询结果，处理分离焦虑，预防复发。讨论是否继续咨询。反馈总结。

### （四）咨询效果

经过30次的咨询，来访者的咨询目标已达成，双方对咨询效果基本满意。

来访者自我评估：咨询30次后，我情绪低落的情况大大减少，愿意出去锻炼，和同事或者朋友聚会的次数增加，人际敏感程度减轻，"别人看不起我"的想法消失。在权威面前紧张的情况并未完全消除，但有所改善：能意识到那是很多人都有的状况，只是我的程度稍微严重一些。行为训练对我很有帮助，事先做一些行为预演能减轻焦虑情绪。已经找到一份销售的工作，对工作总体较满意。遇到困难时，会暗暗给自己鼓劲，告诉自己不要轻易放弃。希望以后有机会处理情感问题。对咨询效果很满意。

心理咨询师评估：来访者由最初不敢看心理咨询师的眼睛，到彼此目光对视交流；来访者的社会功能大大增强；能充分理解自身的认知模式，学会与僵化的信念进行挑战，形成了较为适应性的中间信念；对以往自己的"我无能""我不可爱"两大类核心信念及来源有了认识，并形成"我是有能力的，我是被人喜欢的"的新的信念；在现实生活中，敢于挑战新事物；求职多次碰壁，多次跳槽后找到一份销售的工作，目前对工作总体较满意。对权威仍然有恐惧情绪，但程度有所减轻。

## 三、讨论和反思

### （一）来访者的主要问题

在评估性访谈中，评估的基本目标包括确定来访者的问题，排除精神病性障碍，对来访者的个案信息包括人口统计学资料、主诉或求助问题、求助动机或目标、求助过程、以往咨询经历、主要家庭成员及关系、成长经历、家族史、社会经历、教育经历、恋爱经历、应对策略等进行全面的了解。

来访者一个月前曾在当地一家三甲医院心理科就诊，被诊断为"轻度抑郁状态"。

**（二）导致来访者问题的主要影响因素**

以下是和来访者讨论后，来访者对自己的问题形成原因的理解。

1. 成长因素

"我是在国家实行计划生育政策时超生的，出生后被送到爷爷、奶奶家，七岁才回到父母身边，觉得是因为我不好父母才不要我的。爷爷、奶奶很疼爱我。以前，父亲是会计，母亲是工厂工人，目前均已下岗。父亲现在在外打短期工。父亲没脾气，**窝囊**，什么事情也办不好。母亲强势，碎嘴，脾气坏。我小时候很怕母亲，上高中后害怕母亲的程度稍微减轻一些，但和父母一直都不亲近。在我的印象中，父母几乎每天都会吵架，声音很大，整个单元楼都会听到，我很羞愧、很烦。"

2. 学校、工作和社会环境

"我考上了一所三本院校，大学四年间几乎没怎么学习，大部分时间都在玩电脑。延迟一年才拿到毕业证，学位证没拿到。在学校不参加任何活动，不被老师待见。与本宿舍同学关系尚可，但亲密交流几乎没有。毕业半年内没找到工作，到外地做销售半年后，跳槽到一家物流公司做了一年多的仓库保管员。在那里经常听人在背后议论我，说我性格孤僻、内向。我不会与同事、领导相处，尤其害怕与领导接触，说话时大脑一片空白。喜欢上本单位的一个女孩，我向她表白后被拒绝，便觉得自己什么都不行。目前，和一两个大学同学偶有联系，觉得自己混得不如他们，便不愿与他们来往。"

心理咨询师总结来访者问题形成的重要因素：

（1）出生后被送到爷爷、奶奶家，7岁才回到父母身边，觉得"因为我不好父母才不要我"；

（2）父母经常吵架，觉得是自己不受欢迎、没有能力，父母才会整天吵架；

（3）从小学到高中学习成绩都很差，而姐姐学习好，自己被老师、妈妈、姐姐贬低；

（4）大学期间被老师和同学忽视，几乎没什么朋友；

（5）在工作单位里，领导不认可来访者，同事看不起来访者；

（6）脾气不好的教练说来访者性格孤僻；

（7）向暗恋的女孩表白被拒绝；

（8）驾照考试科目二多次考不过，认识的同事和朋友一次性通过；

（9）身体不好，特别是胃有问题。

中间信念：给领导打电话紧张是不应该的，我应该做到时常保持放松的状态；我必须要混得比亲戚好，才能让家人看得起我；如果我喜欢的女孩拒绝我的求爱，那就说明异性很讨厌我；我必须生活、工作、婚姻各方面都好，才能与以前的同学联系；

补偿策略：回避与领导、教练等权威人士接触；回避与家人联系，不想回家；回避与异性接触；回避与同学联系；行为退缩，回避找工作；不敢锻炼身体，放弃自己喜欢的运动——跑步。

核心信念：

（1）"我不可爱"的信念：别人都不喜欢我，别人都看不起我，我不会打扮，在别人面前我不会很好地表达自己的意思；

（2）"我无能"的信念：我什么事情都做不好，我连驾照考试都考不过，我找不到喜欢的女朋友，我找不到喜欢的工作，我无法控制我的健康，我没有能力让父母不吵架。

**（三）如何处理来访者的问题**

在建立了良好咨询关系的基础上，心理咨询师整合了来访者的评估资料。基于来访者强烈的咨询动机及对认知疗法理念的良好理解，与来访者商定采用认知行为疗法。在咨询中，采用的基本技术包括：对自动思维和信念进行工作；实际生活应用技术，如布置作业、自助练习、行动计划等。

首次会谈的结构包括讨论来访者的诊断、进行心境检查、设置目标、尝试处理问题、布置家庭作业、反馈等。第二次会谈所使用的结构在之后的每次会谈中会重复使用，包括心境检查、设置议程、认知改变技术的运用、布置家庭作业、总结、反馈等。

1. 心境检查

每小节咨询都要进行心境检查，并用具体的数字量化，如：抑郁60分，焦虑90分，愤怒50分等。

2. 设置议程

一般由来访者提出议题。

心理咨询师：今天，你有没有什么特别想和我说的事情？

来访者：上周日天气还不错，我想去人才市场看看。正好有几家单位在招聘，我看到有家公司招聘英语教育顾问。我鼓起勇气走到咨询台前，招聘的人问我有没有过英语专业八级，我说没有。他又问我有没有大学英语四、六级证书，我摇摇头。看到对方很鄙视的神情，我恨不得找个地缝钻进去，后来赶紧"逃"走了。我觉得很丢脸，不想再去找工作了。

心理咨询师：看来这事对你的情绪造成了明显的影响，我们能不能把它作为今天的议题？

来访者：可以的。

3. 获取来访者的最新信息

4. 回顾家庭作业

5. 对议程进行排序

6. 对具体问题进行工作

（1）对自动思维进行工作。

①识别自动思维。

来访者：今天，我去医院看牙，护士第一次喊我的名字的时候，我在玩手机，所以没听见。护士第二次喊我的名字时，我答应了，把病历递给她，让她登记一下，结果她把我的病历甩在地上了。我当时就懵了，既生气又伤心，无地自容，不知道该怎么办，想骂她又不敢，周围那么多人看着我。

心理咨询师：你既生气又伤心，感到无地自容，当时你是怎么想的？（查找自动思维。）

来访者：护士把我的病历甩在地上，肯定是故意的。她觉得我这个人窝囊，看病都不会，讨厌我，故意针对我。

心理咨询师：你的想法是"我连看病都不会，好窝囊，护士讨厌我，故意针对我"。

来访者：是呀，不然她为什么把我的病历甩在地上。

心理咨询师：我们将刚才确认的想法称之为自动思维。很多时候的想法在某种程度上被歪曲了，我们却信以为真。

②评价自动思维。

接上例：

心理咨询师："她故意针对我"的想法，你相信的程度是多少？用我上次给你的那个评分标准来评价一下好吗？

来访者：100%，她为什么不扔别人的病历，只扔我的病历？

心理咨询师：也就是说你完全相信自己的判断？

③挑战自动思维。

挑战自动思维的技术有：论证法、其他可能性、换位思考、坐标法、利弊分析、挑战自动思维清单。下面的例子是"讨论其他可能性"来挑战来访者负性的自动思维。

接上例：

心理咨询师：你怎么判断她就是故意针对你的？

来访者：我凭我的感觉判断。

心理咨询师：感觉做出的思考、判断未必就是事实。现在我们再回忆一下当时的场景。你是把病历放到她手上，然后她扔到地上的吗？

来访者：嗯，我想想……好像是我递给她的。她手上拿了一些病历，似乎不是扔到地上的，是掉在地上的。

心理咨询师：有没有可能是她手上的东西太多了，没接住你的病历？如果是故意扔病历，会有扔的动作，对吧？

来访者：嗯。我不太确定，还是觉得针对我的可能性大。

心理咨询师：那好，我们再想想，候诊的时候，是不是只有你没听到喊号？

来访者：也不是。医院人特别多，又嘈杂，好几个病人没听到喊号。有一个病人被喊了四五遍才听到。

心理咨询师：那么护士扔他的病历了吗？

来访者：没有，候诊的几个病人和家属还在说那个护士有耐心、态度好。

心理咨询师：哦，这个护士有耐心、态度好，那么她为什么要针对你呢？

来访者：我也不知道。

心理咨询师：喊四五遍别人都没听到，她都不烦，喊你两遍，你没听到，你也没有和她发生过争执，她为什么要讨厌你，故意针对你呢？

（来访者沉默。）

心理咨询师：来，我们记录下她并不是故意针对你的理由。

心理咨询师：一个是她手上有东西，没接住病历，很正常；二是她是一个有耐心的护士，态度好；三是有喊四五遍都没回应的病人，我只是第一遍没听到而已，到医院来的病人有很多是老人，听力不好，听不清很正常，护士习惯了，不会因为这样的事情生气；四是我和她无冤无仇，她没必要故意针对我。

心理咨询师：你现在还是100%相信"她故意针对我"吗？

来访者：好像没有啦，只有20%～30%。

心理咨询师：你还那么生气又伤心吗？

来访者：好多了。

心理咨询师：让我们来看看这个过程是怎么发生的，你的情绪是如何平复的，这很重要，需要你在家不断练习这个技术（教授来访者认知改变的技术）。

（2）对信念进行工作。

①识别并呈现信念。

信念可以分为两类：中间信念（态度、规则、假设）和核心信念（对于自我、他人或者世界的僵化的整体观）。中间信念虽然没有自动思维容易矫正，但与核心信念相比，更有可塑性。

可以通过以下策略来识别中间信念：识别被表达为自动思维的信念，提供中间信念假设的第一部分，直接引出一个规则或态度，使用箭头向下技术，在来访者主动思维中寻找共同的主题，直接询问来访者，检查来访者完成的信念问卷。

在本案例中，来访者的信念以自动思维方式出现，主要有："如果女孩不是讨厌我，那么她不会拒绝我"；"我必须让每个人都喜欢我"等。

可以用箭头向下技术查找信念，如"我为客人服务时脸红是不对的→他们会看出来我紧张→如果我紧张，他们会认为我这个人很差劲"。

箭头向下技术的问话方式："如果那是真的，对你来说意味着什么？"

上述识别中间信念的方法（如箭头向下技术）还可以帮助来访者确认核心信念，当来访者能够接受时，可以尝试向来访者呈现他的核心信念。

②探讨信念形成的原因。

来访者以上的成长经历发展出自己特有的信念。该来访者的核心信念："我无能""我不可爱"。

"我不可爱"的信念：别人都不喜欢我（针对他人），别人都看不起我（针对他人），我不会打扮（针对自己），在别人面前我不会很好地表达自己的意思（针对自己）等。

"我无能"的信念：我什么事情都做不好（针对自己），我找不到我喜欢的女朋友（针对自己），我找不到我喜欢的工作（针对自己），我无法控制我的健康（针对自己）。

该来访者的中间信念：

态度：不能胜任工作是非常糟糕的；在权威面前表现不好是无能的；给领导打电话紧张是不应该的，我应该做到时刻保持放松的状态。

假设：如果我面试时紧张，那么我就会被淘汰；如果我喜欢的女孩拒绝我的求爱，那就说明异性很讨厌我。

规则：在别人面前我必须时刻保持放松的状态；我必须要混得比亲戚好，才能让家人看得起我；我必须生活、工作、婚姻各方面都好，才能与以前的同学联系。

（3）挑战并矫正中间信念。

很多信念需要咨访双方共同工作一段时间才能改变。让来访者写下功能不良的信念以及适应性的新信念，用百分比表示对每个信念的信任程度，采用利弊分析、苏格拉底式提问、行为实验、认知连续体、自我暴露等技术挑战、检验和矫正中间信念。如检验信念的益处和弊端的挑战信念技术——利弊分析。举例如下：

中间信念：我必须在每个人面前都要表现得镇定自若。

利：①对自己的行为表现进行反思与调整，使自己成为一个自信和有力量的人；②可以让别人尊重我、信任我。

弊：①时刻保持紧张状态，活得累；②放不开，反而影响工作成绩；

③对人际关系敏感，在意他人的看法和评价；④病好不了，没有朋友，感觉孤独；⑤与领导和同事接触感觉别扭，回避正常社交生活。

和来访者共同工作后的结论"我必须在每个人面前都要表现得镇定自若"的信念弊大于利。

（4）对核心信念进行工作。

①心理教育。对来访者进行心理教育，帮助来访者理解其核心信念的特点：仅仅是他自己的观念，未必是事实；能够被检验；能够被改变；来源于既往事件。

②发展新的核心信念。

**心理咨询师**：经过这几个月的咨询，你现在是怎么看待自己的？

**来访者**：我觉得和同学比，我混得不差，他们愿意和我一起玩；我的工作业绩还可以，我的工作能力也不差。

**心理咨询师**：所以你的信念是"我是有能力的，我是被人喜欢的"，是吗？

**来访者**：是的。

**强化新的核心信念**：帮助来访者认识到他的积极资源，让来访者以新的方式检验他的经历，培养其识别积极资源的能力。

如：心理咨询师在每次咨询的开始都会询问来访者在最近的一周内，他的积极经历是什么？发生了什么好的事情？如主动和邻居打招呼，完成了领导布置的额外工作，去户外推销产品等，心理咨询师及时给予强化，并让来访者记录这些积极事件，帮助来访者强化新的核心信念。

（5）行为技术。

本个案的来访者有轻度抑郁，而行为方面的训练对抑郁来访者非常重要，不仅可以帮助来访者改善抑郁情绪，还可以让来访者证明对情绪的控制能力，增强自我效能感。

对本个案的来访者，心理咨询师采用了问题解决、技能训练、放松训练、分级任务作业、暴露和角色扮演等行为技术。

比如，来访者后天要去驾校练习，需要和教练电话联系练车的具体时间。教练脾气很大，以前经常训来访者。来访者看到教练就紧张，有时说话都结结巴巴。来访者不知道怎么办，甚至都想放弃学车了。

心理咨询师应用角色扮演的方法，帮助来访者进行自信练习。先是心理咨询师扮演来访者，来访者扮演脾气很坏的教练。通过角色扮演，心理咨询师给来访者示范了一个礼貌、不卑不亢、有礼有节的正常沟通过程。然后，由心理咨询师扮演教练。通过这一次角色扮演，来访者学会了与教练沟通的正确方式。

**（四）反思**

经过30次的咨询，来访者的咨询目标已达成，双方对咨询效果基本满意，处理分离焦虑后，商定以后有问题可以来咨询中心预约，结束咨询。

咨询的成功与以下几个因素有关：①建立了良好的咨询关系；②来访者具备强烈的咨询动机；③来访者有较好的认知领悟能力；④来访者行为训练的主动性较好；⑤有一定的社会支持。

由于咨询疗程的限制，没有足够的时间与来访者探讨他的情感、婚恋等亲密关系问题。

1. 心理咨询师处理较好的几个方面

（1）在与来访者建立咨询联盟的初期阶段，较好地采用了倾听、共情、积极关注、尊重等咨询基本技术，重视关系的程度大于重视技术。在认知行为理论的框架中去思考来访者的问题。在来访者的想法没有改变前，不过早否定来访者的感受和想法。

（2）议程设置具体化。比如：今天我们谈谈"怎么和教练协商提前考试"，而不是"如何更好地与人交流、如何与人相处"这样的议程（来访者有时会提出类似的目标）。

（3）行为安排循序渐进。根据来访者当前的状态和能力，合理安排行为计划。对于来访者行为上小的改变及时进行肯定和鼓励，对于他没有做到的行为，则是去了解具体的原因。

2. 心理咨询师处理不足的几个方面

（1）心理咨询师有时候未能觉察自己的负性自动思维。

来访者有的自动思维是以"无能"核心信念的形式出现，在对这些自动思维进行工作时很困难，心理咨询师刚开始感觉很挫败。特别是当来访者遇到一点困难就想放弃时，心理咨询师出现的自动思维是："我恐怕帮不了他。"此问题通过督导得以发现，在后面的咨询中，心理咨询师注意觉察自己的感受和自动思维，并对自己的负性自动思维进行工作，能够坦然面对咨询中出现的困境，并努力处理问题。

（2）对来访者未能完成家庭作业的不恰当处理。

在讨论家庭作业时，心理咨询师有时会发现来访者完成情况不佳，虽然也尝试了解其中的原因，但咨询中讨论不详细，更多的是强调家庭作业的重要性，并没有过多地去了解来访者为什么没有完成作业。通过朋辈督导得以发现，心理咨询师过于关注结果，从而忽视了来访者内心无望的感受。当和来访者充分讨论后，理解了来访者在有些家庭作业未能完成时，产生了"我连这点小事都完不成，我真是一个废人"的绝望感，没有动力去完成作业。心理咨询师告知来访者，有时候完不成作业很正常，完不成作业不能等同于"废人"，并帮助来访者调整作业的量，将记录思维、情绪的家庭作业改为行为安排后，来访者更加容易接受，更容易完成。心理咨询师初期受个人固定思维模式的影响，认为家庭作业应先从查找思维、命名情绪开始，再到行为安排；现在心理咨询师则体会到，思维和行为不一定要分先后和主次，可以灵活安排，适合来访者的就是正确的安排。

# 案例3  一会儿是火焰，一会儿是海水
## ——一则双相情感障碍来访者的心理咨询案例

## 一、个案介绍

**基本信息**：李莉，女，22岁，大学二年级在读。养父母均为工人，常年吵架，家庭经济状况较差。不知道亲生父母是谁，家住哪里，没有任何联系。来访者的家在气候温暖的南方，离来访者就读的大学较远，每年只能在寒暑假才能回家。

**对来访者的初始印象**：身高1.65米左右，微胖，皮肤白净，圆脸，大眼睛，披肩长发，穿着很时尚。就诊时情绪低落，说到伤心往事时会流泪。

**求助的主要问题**：情绪高涨与情绪低落交替出现，情绪高涨时不觉得疲劳，整天忙忙碌碌，喜欢交朋友，食欲增加，睡眠减少。情绪低落时不

想上学，对什么事情都不感兴趣；感到精力不足，容易疲乏，严重时整日卧床不起。自己看过医学、心理学方面的书，知道问题的严重程度，主动求助。

**来访者自诉：** "不开心时，心里像压着块石头，做任何事都提不起兴趣，觉得自己没用。根本没办法学习和工作，脑子好像生了锈的机器一样转不动，吃饭没有胃口，失眠，早上最严重，连起床都困难，想着如果死了就解脱了。开心时，感觉特别容易兴奋，整天喜气洋洋、精力充沛，同学都嫌我话多，脑子特别灵活，看书效率特别高，不想睡觉，一晚上只要睡四个多小时，第二天照样精神抖擞。花钱大手大脚，在网上买东西没有节制，买了一大堆没用的东西，月初就把爸妈给的生活费用光了。

"生活中，我的朋友很少，我经常独来独往。宁可和男生做朋友，也不喜欢和女生打交道。想家的时候就想和妈妈打电话，可妈妈总是让我快点说完，说长途电话费贵，要省着点花。"

**成长史和重要事件：** 记忆中家里很穷，养父母常年吵架甚至动手，养父母吵架时，来访者吓得躲起来偷偷哭。来访者1岁的时候被养父母抱养，18岁在一次与母亲吵架时得知了自己被抱养的事实。至今仍不知道亲生父母在哪里，养父母拒绝告诉她。6岁时在外婆家（养母的老家）多次被一个远房亲戚性侵，将此事告知养母，养母告诉来访者不要乱说，告诉她这就是"命"。之后，养父母把来访者接回城市上学，总算让来访者离开了"魔窟"。来访者小时候特别乖巧，学习成绩一直都很好，高考前特别紧张，发挥失常，考取了外地的一所普通二本院校，养父母很不满意。

在高中和大学一共谈了5次恋爱，每次时间都不长，当对方要确定恋爱关系而公开时，来访者会主动提出分手。第一次就诊前刚和前男友分手一周，是唯一的一次男方主动提出分手，理由是女方控制欲太强，总是要求男友随时汇报行踪，不同意就威胁分手。

**以往咨询经历：** 大一入学一个月后即出现抑郁的表现，去某医院心理科就诊被诊断为"抑郁症"，医生给来访者用了抗抑郁药。治疗5个多月后，来访者逐渐出现躁狂的临床表现，医生调整药物后，来访者又出现抑郁表现，抑郁和躁狂表现交替出现。来访者大二下学期再次去医院复诊，医生修改诊断为"双相情感障碍"。医生建议来访者在进行药物治疗的同时进行心理咨询，来访者在网络上查询到本咨询机构，前来预约咨询。

## 二、咨询过程和结果

### （一）咨询设置

心理咨询每周1次，50分钟/次，收费400元/次，咨询前签订协议，告知保密原则、来访者及咨询师的权利和义务、请假、迟到等相关设置，取消或者更改时间需提前24小时通知。

### （二）咨询目标

来访者希望通过咨询能让自己的情绪不要大起大落，生活有目标。

### （三）咨询方法及过程

心理咨询师和来访者一共进行了两年约55次的咨询，因来访者大学毕业需要回老家工作，咨询结束。

初始访谈阶段，收集来访者的资料并进行评估，建立咨询联盟，商定咨询目标。来访者求助时，当时处于抑郁状态，故采用倾听、共情、鼓励、解释、指导、保证等支持性技术，建立咨询关系，稳定来访者的情绪。咨询中期探讨来访者童年的经历与当前症状之间的关系，修复其童年期的创伤，重建其安全感。咨询结束，评估疗效，处理分离焦虑，讨论咨询结束后遇到问题如何应对，如何预防复发。

### （四）咨询效果

疗效的评估，主要来自来访者自我评价：

（1）情绪逐渐变得稳定；

（2）学会了用语言表达情绪和需求，而不是通过见诸行动的方式；

（3）体会了养父母的不易，理解他们不让自己寻找亲生父母的做法；

（4）做生活中感兴趣的小事；

（5）人际关系改善，交了一个好朋友。

## 三、讨论和反思

### （一）来访者的主要问题

来访者被医院诊断为"双相情感障碍"。什么是双相情感障碍？双相情感障碍也称为躁郁症，是一种躁狂与抑郁交替发作的严重类精神疾病。躁狂发作时的表现有：

### 1. 心境高涨

患者主观体验特别愉快，自我感觉良好，整天兴高采烈，得意扬扬，笑逐颜开，不知疲倦。患者虽然心境高涨，但情绪不稳，变幻莫测，时而欢愉，时而暴怒，易激惹。有的患者可因一点小事暴跳如雷，甚至有破坏或攻击行为。

### 2. 思维奔逸

表现为联想的内容丰富多变，自觉思维非常敏捷；言语跟不上思维的速度，常表现为言语增多、滔滔不绝、口若悬河，即使口干舌燥、声音嘶哑。患者自我评价过高，高傲自大，目空一切，盛气凌人。

### 3. 意志行为增强

表现为精力旺盛，活动增多，不知疲倦，整天忙忙碌碌，广泛交际。但做事总是虎头蛇尾，有始无终，一事无成；对自己的行为缺乏判断力，随心所欲，不计后果，任意挥霍钱财等。

### 4. 躯体症状

患者很少有躯体不适主诉，食欲增加，睡眠减少。因患者极度兴奋，体力过度消耗，容易引起失水、体重减轻等。

抑郁发作是双相情感障碍的另一大特征。双相情感障碍中抑郁发作期的症状往往与单相抑郁症的症状相似，经常在临床上难以区分。他们在抑郁发作时，也会表现出心境低落、兴趣丧失和意志减退等抑郁表现。正是因为大部分患者都是在抑郁期就医，双相情感障碍很容易被误诊为抑郁症。因此，当你察觉到身边的朋友或亲人有抑郁的症状时，也要留意他（她）是否出现过躁狂的表现。

双相情感障碍患者的抑郁和躁狂交替发作，可能在某段时间内情绪高涨、特别兴奋，有时在某段时间内又特别抑郁甚至有自杀的念头。

### （二）导致来访者问题的主要影响因素

双相情感障碍病因未明，生物学、心理与社会环境诸多方面的因素参与其发病过程。生物学因素主要涉及遗传、神经生化、神经内分泌、神经再生等方面。遗传是致病的一种易感特质，具有这种易感特质的人在特定的环境因素激发下发病。与双相情感障碍关系密切的心理学易患素质是环性气质。

注意：以上这些因素并不是单独起作用的，目前强调遗传与环境或应激因素之间的交互作用。应激性生活事件是重要的心理与社会环境因素。以下重点介绍心理与社会环境因素。

1. 创伤性的经历

应激性生活事件是导致精神障碍发病的原因之一。本案例中的来访者1岁的时候被抱养，18岁在一次与母亲吵架时得知了自己被抱养的事实。至今仍不知道亲生父母在哪里，养父母拒绝告诉她。6岁时在外婆家（养母的老家）多次被一个远房亲戚性侵，将此事告知养母，养母告诉来访者不要乱说，告诉她这就是"命"。之后，把来访者接回城市上学，总算让来访者离开了"魔窟"。早年创伤性的经历使得来访者的安全感降低。

心理动力学观点认为，无意识冲突和在童年早期形成的敌意情绪在抑郁的形成中起关键作用。来访者对生母遗弃自己以及养母不能保护自己充满愤怒，但是在意识层面觉得养父母养大自己很辛苦，不应该恨他们，指向他人的愤怒转向自身。对父母的依赖性又让自己很绝望，攻击开始转向自身，造成抑郁的特定表现——自责。

2. 负性生活事件

高考发挥失常，考取了外地的一所普通二本院校，养父母很不满意。从温暖如春的南方来到千里之外的小城市，各方面都不适应，尤其不适应这边寒冷的冬季气候。

临床上研究表明，大多数个案在抑郁发作之前都经历过生活压力事件。近期比较流行的观点认为，生活应激事件激活了应激激素，这种激素对神经递质系统具有广泛影响，尤其是涉及五羟色胺和去甲肾上腺素的递质系统。还有证据表明，如果应激激素活化的时间较长，可能会引起脑内长期的结构和化学变化。这些结构改变也许会持续影响患者神经系统的调节活动，更广泛的可能会扰乱个体的昼夜节律，使其具有环性心境障碍的易感性。

3. 社会支持缺乏

良好的社会支持本身对个体的生理、心理健康和应激情境有保护与缓冲作用。在此案例中，来访者生活中的朋友很少，养父母也不能给予足够的情感支持。

### （三）如何处理来访者的问题

1. 治疗原则

双相情感障碍的治疗原则：一要遵循个体化治疗原则，需要考虑患者的性别、年龄、主要症状、躯体情况、是否合并使用药物、首发或复发、既往治疗史等多方面因素，选择合适的药物，从较低剂量起，根据患者反应再定。治疗过程中需要密切观察患者的治疗反应、不良反应以及可能出现的药物相互作用等，以便及时调整，提高患者的耐受性和依从性。二要遵循综合治疗原则，应综合运用药物治疗、物理治疗、心理治疗和危机干预等措施，提高疗效、改善患者的依从性、预防自杀和复发、改善患者的社会功能和生活质量。三要遵循长期治疗原则，由于双相情感障碍几乎终身以循环方式反复发作，其发作的频率远比抑郁障碍高，因此应坚持长期治疗的原则。急性期的治疗目的是控制症状、缩短病程；巩固期的治疗目的是防止症状复现，促使社会功能的恢复；维持期的治疗目的在于防止复发，维持良好社会功能，提高生活质量。

2. 药物治疗

最主要的治疗药物是抗躁狂药碳酸锂和抗癫痫药（丙戊酸盐、卡马西平、拉莫三嗪等）。对于抑郁发作比较严重甚至伴有明显消极行为者、抑郁发作在整个病程中占据绝大多数者以及伴有严重焦虑和强迫症状者，可以考虑在心境稳定剂足量治疗的基础上，短期合并应用抗抑郁药。一旦上述症状缓解，应尽早减少或停用抗抑郁药。药物治疗需在专科医生的指导下进行，切不可自行购药。

3. 物理治疗

急性重症躁狂发作、伴有严重消极的双相抑郁发作或难治性双相障碍，可采用无抽搐电休克治疗，但应适当减少药物剂量。对于轻中度的双相抑郁发作可考虑重复经颅磁刺激治疗。

双相情感障碍是一种难以完全治愈的精神疾病，随访研究发现，经药物治疗已康复的患者在停药后的1年内复发率较高，且双相情感障碍的复发率明显高于单相抑郁障碍，分别为40%和30%。服用锂盐预防性治疗，可有效防止躁狂或抑郁的复发。心理治疗和社会支持系统对预防本病复发也有非常重要的作用，应尽可能解除或减轻患者过重的心理负担和压力，帮助患者解决生活和工作中的实际困难及问题，提高患者应对问题的能力，并积极为其创造良好的环境，以防复发。

4. 心理治疗

双相情感障碍的心理治疗历史由来已久，在精神药物出现以前，心理社会治疗曾是双相情感障碍的唯一选择；但随着电抽搐治疗和精神药物的出现，心理治疗的发展及其临床应用研究在双相情感障碍中不再被重视。尽管现在越来越多的文献倾向支持双相情感障碍是一种"生物学的疾病"，需要生物学的治疗，即以精神药物治疗为主，但心理治疗在实际工作中仍是重要的有效辅助治疗的手段之一，其中包括心理健康教育、传统的各种心理治疗方法以及改变社会环境等。

在所有针对双相情感障碍的心理治疗方法中，认知行为疗法被认为是有确切疗效的心理治疗方法。认知行为疗法理论认为，功能低下或慢性强烈的情绪状态源于歪曲的不理智的想法，这些想法往往早已潜移默化，而并不被患者意识到，却影响着其行为和社会应对的方式。因此，个体对生活事件的认识、观念或态度可影响其情绪和行为，产生相关的问题，同时还可能加重双相情感障碍患者的精神症状，并影响疗效。

双相情感障碍患者的想法、情感和行为有内在的联系，如果给予患者较多和正确的有关疾病教育的知识，改变或纠正其不恰当的认知，对其治疗和康复或许效果更为显著。

Basco 和 Rush 曾在 20 世纪 90 年代后期总结了双相情感障碍认知行为疗法的目标，提出对患者还应进行以下内容的健康教育：①有关疾病本身的知识、治疗选择、与疾病相关的常见问题；②监测疾病每次发作的严重程度、躁狂和抑郁症状的具体发生形式，即病情记录日志，因为必要时可根据病情演变规律预先改变患者的行为方式来预防病情复发；③提高药物依从性的策略；④解释如何使用非药物手段，特别是认知行为疗法的技能，来应对与躁狂和抑郁症状相关的认知、情感、行为问题。例如，通过改变和纠正或减轻与症状相关的不良认知和不良情绪，从而减少由其导致的适应不良行为；⑤环境应激与生活事件等可能影响治疗，会引起躁狂或抑郁的突然发作，因此需要学习相应的应对策略。

其他心理治疗方法，包括动力学心理治疗、家庭治疗、认知心理干预技术、正念技术、团体治疗，也被认为是有效的心理治疗方法。

目前，对双相情感障碍的心理治疗强调对各种疗法的整合。

**（四）反思**

经过55次的咨询，来访者情绪基本稳定。第3次咨询期间，来访者躁狂发作过一次，持续时间比以往短。睡眠基本恢复正常。来访者的咨询目标已达成。

对双相情感障碍的来访者进行咨询要注意些什么？

（1）支持性的技术：尊重、鼓励、共情、理解、接纳、积极关注、真诚；

（2）心理教育：帮助来访者正确认识疾病，督促其积极配合医生，反复发作者树立其长期咨询的理念，定期复诊，与医生沟通，监测病情和药物副反应，预防复发；

（3）防自杀：来访者情绪不稳定时，注意防止其自伤、自杀或冲动伤人行为，突破保密例外，与家人做好沟通，及时去医院就诊；

（4）帮助来访者矫正不良的认知模式和行为模式；

（5）鼓励来访者积极参加社交活动，培养兴趣爱好，根据其能力与兴趣，制定切实可行的目标，不能操之过急。

对于双相情感障碍还要消除一些认识方面的误区：

（1）双相情感障碍只是心情的正常起伏。

错误。很多人会轻视双相情感障碍，认为它可能就是"一阵儿高兴一阵儿难过"的状态，其实双相情感障碍是一种严重的精神障碍，患者的情绪游走于天堂与地狱之间，这种过山车般的感觉伴随着他们度过一个个挣扎的日日夜夜。病情严重者可能会造成不良的后果，如自杀，需要引起足够的重视。

（2）患有双相情感障碍者大部分是天才。

这种观点是错误的。在一些名人传记和逸闻趣事中，说到很多名人如拿破仑、海明威、拜伦、费雯丽是双相情感障碍患者，似乎就会得出这样的结论——双相情感障碍是一种"天才病"。美国加州大学洛杉矶分校的心理学家贾米森曾对47位杰出的英国艺术家和作家做了一次调查，发现其中

18人或因精神失常住过院或者曾经用锂盐或电痉挛治疗过。这些人可能患有双相情感障碍。可能从生物学的角度而言，躁郁的个性是警觉、敏感，可对外在世界产生强烈且快速的反应，而出现情绪、知觉、智性、行为以及活力的大幅度变化。

媒体宣传的"天才躁郁患者"是一种幸存者偏差，即只能看到经过某种筛选而产生的结果，而没有意识到筛选的过程，因此忽略了被筛选掉的关键信息。患有双相情感障碍的名人尤其受关注，容易被当作新闻报道，而大量因双相情感障碍造成精神残疾的普通人被人忽视了。正是因为忽视了这些"沉默的数据"，才产生"双相情感障碍偏爱天才"这种错误的结论。

来访者的改善与以下几个因素有关：①建立了良好的咨询关系；②来访者具备强烈的咨询动机；③心理咨询师重视对来访者的心理教育，提高来访者的药物依从性；④咨询中期阶段，来访者建立了一定的社会支持。

# 第三部分　神经症性问题

## 案例 1　为什么我总是不放心
### ——一则有强迫观念和强迫行为的大学生的心理咨询案例

## 一、个案介绍

**基本信息：**李越，男，19 岁，大一学生，家住农村，有一个小自己两岁的妹妹。其父亲是木工，做事特别认真，但脾气急躁。母亲是农民，性格温和。

**对来访者的初始印象：**身高 1.75 米左右，焦虑不安，眉头紧锁。与心理咨询师交谈时正襟危坐，一直记录，生怕漏了重要之处，遇有不明白之处便盘根问底，回答问题时总要先思考一下。就诊时来访者主动交给心理咨询师一本日记，其间详细记录了他痛苦不安的心理过程。

**求助的主要问题：**对什么都不放心，反复检查，持续一年多了。

**来访者自诉：**"很想控制反复检查的念头，可要检查的念头就反复出现；注意力不集中，好走神；不检查就难受，对什么都不放心，自己也知道这样做没必要；考试时总担心自己看错题目；很痛苦，但摆脱不了；很疲劳，我要崩溃了；等等。

"平时做事小心谨慎，提水时小心翼翼，偶尔给别人身上溅了几滴水，也于心不安，非要替别人擦干净不可。锁门时锁了又开，开了又锁，多次检查仍不放心，甚至下楼走了一段路后还要返回再次检查，最多的一次一共检查了15次。在教室里总是不断地整理书桌，总感觉没整理好，看着不舒服。考试时担心自己填错准考证号，总要反复核对数遍。甚至担心老师把自己的分数填错，要老师竭力保证数遍，甚至要求老师写在纸上证明分数确实已填过，老师只好照办。即使当时放心了，可回去又开始担心。不能与同学'交心'，总是独来独往。人多的时候嫌烦，一个人的时候又觉得孤单。与同学交谈时习惯把要说的话提前写下来，担心'言多必失'，担心得罪人。近一个月来睡眠也受到影响，主要表现为入睡困难，上床后1个多小时才能睡着，并且多梦。学习效率低下，老师布置的学习任务无法按期完成，甚至想要休学回家。"

**成长史和重要事件：**来访者家族中无精神疾病病史，来访者曾在10岁时得过乙型肝炎，现已治愈。在农村读完小学、初中，16岁考入县城高中。从小一直很懂事，很听话，成绩优异。父亲对其要求很严，作业不做完不能出去玩，要求其每次考试必须在年级前三名，否则就要挨打。与父母关系一般。在高中，学习十分勤奋，班主任认为他一定能考上重点或名牌大学，他也十分严格要求自己，规定自己每日凌晨五时必须起床，晚上十二点方可就寝。高二时便开始觉得学习效率下降，学习时经常走神，各种无关的念头开始出现，极力想控制，但无法克服，有时越想控制越严重。如上课时纠结是认真听老师讲课还是记笔记，担心记笔记时会漏听老师的讲课内容，光听课不记笔记，又怕下课后忘记了；下课时纠结是不是要下楼走走；做作业和考试会反复检查等。上网查了后，认为自己患有强迫症，高考时发挥欠佳，考取了省内的一所普通高校。为了能解决自己的心理问题，自己做主填报了某医学院校的心理学专业。

**以往咨询经历：**高二时去过学校的心理咨询室，与老师交谈过一次，后因为担心咨询耽误学习时间，未能继续咨询。

## 二、咨询过程和结果

### （一）咨询设置

心理咨询每周1次，50分钟/次，收费100元/次。咨询前签订协议，告知保密原则、来访者及心理咨询师的权利和义务、请假、迟到等相关设置，取消或者更改时间需提前24小时通知。

## （二）咨询目标

来访者目前的主要问题：强迫观念和强迫行为，学习适应不良，人际关系交往障碍。与来访者协商确定了如下咨询目标：

具体目标与近期目标：改善来访者当前的强迫观念——做任何事后不放心；减少来访者的强迫行为——反复检查；改善来访者的睡眠；改变来访者对一些具体问题的错误认知，帮助其认识过于追求完美的个性、早年的环境和教育方式是其强迫症的根源；尽快改善来访者的不良情绪；协调来访者的人际关系；适应学习。

最终目标与长期目标：完善来访者的人格，提高其自我剖析能力，增强其社会适应能力，促进来访者学习建设性的行为。

## （三）咨询方法及过程

来访者一共进行了15次咨询，主要咨询方法与适用原理：认知行为疗法、行为治疗、森田疗法。

咨询大致分为三个阶段：

1. 初始访谈（第1次）

评估与咨询关系建立阶段，工作内容包括：收集来访者的资料如个人史、家族史，心理评估，建立咨询联盟，商定咨询目标，确定咨询方案。

首先与来访者建立良好的咨询关系，鼓励来访者倾诉，取得来访者信任，进一步了解其在学校的生活和学习情况，对其进行了MMPI（明尼苏达多项人格测验）和SCL-90（90项症状清单）测验，并解释测验结果。与来访者协商确立具体的咨询目标，并共同探讨目标的可行性。简单介绍认知行为疗法，商定咨询方法以认知行为疗法为主。

MMPI测验结果：Pt（精神衰弱）：76，HS（疑病）：64，D（抑郁）：66，其他结果都在正常范围。

SCL-90测验结果：强迫：3.2，人际敏感：2.2，抑郁：2.0，焦虑：2.5，其他因子分均在正常范围。

心理咨询师建议来访者去医院做进一步诊断治疗，同时进行心理咨询。（来访者在第1次咨询后去医院心理科就诊，被诊断为"强迫症"，建议来访者药物治疗。来访者拒绝用药，但同意每月复诊一次。）

2. 咨询中期（第2～8次）

每次咨询设定咨询日程。

（1）认知行为疗法。

目的是改变来访者的不良认知，建立正确的认知。来访者反复检查的行为及凡事不放心的念头被其解释为：如果不检查、不考虑的话，做错了怎么办？这个表层错误观念用演示和模仿等技术来检验，如建议其忍耐，坚决不去检查，看会有什么不好的结果。然后再通过灾变祛除等技术，即通过严密的逻辑分析使来访者认识到：是他对事物不良后果的可能性估计过高，过分夸大了灾难性的后果——来访者认为如果不反复检查，后果就不堪设想。最后祛除这种夸张性的认知。

进一步改变来访者的错误认知，让其认识到：人不可能十全十美，允许自己犯一些小错误。在人际交往中，不要在意别人对自己的看法，没有人整天关注自己。很多来访者总感觉自己是别人注意的中心，自己的一言一行、一举一动都会受到他人的品评。可建议他在实际情境中加以验证，让他去问问周围的人对他的印象是否真的那样差。

（2）行为治疗。

指导来访者运用橡皮筋法。让他在左前臂上套上一个粗橡皮筋，松紧适宜，当出现不必要的想法或强迫行为时就拉橡皮筋弹击手臂，造成疼痛，使强迫的念头暂时消失。每天锻炼30分钟以上，确保生活有规律，寻找适合自己的兴趣爱好等。

每次咨询结束，进行反馈，小结并布置作业。心理咨询师同时对来访者进行心理教育和提出行为建议。

（3）森田疗法。

①引导来访者领悟症状与人格特征之间的关系，告之其症状形成的有关机制。

②要求来访者接受所有症状，不要刻意去排除。对偶尔冒出的强迫念头不去管它，顺其自然。

③不谈症状，重点针对来访者的神经质人格问题。

④鼓励来访者带着症状生活、学习。

来访者追求完美的人格特征符合森田理论神经质中的强迫观念症。森田认为，精神交互作用是产生不正常心理的重要因素。由于注意力的集中使某种不良的感觉更加敏感，而过敏的感觉使注意力更加集中于不良的感觉，从而形成恶性循环。理想与现实的冲突是促进精神交互作用发生、持续的动力机制，森田疗法的着眼点在于打破精神交互作用，消除思想矛盾。"顺其自然"就是坦然接受自身出现的各种想法和观念，接受症状；"为所当为"就是在顺其自然的同时，面对现实，去做具体该做的事。即让来访者接受强迫症状，不要刻意用意识自我反强迫，可以带着症状生活。

（4）探究强迫的原因。

与来访者讨论强迫症状与其过分追求完美的人格特征、从小接受的教养方式及生活环境等有关。

3. 结束阶段（第9～15次）

目的是巩固咨询效果。工作内容：总结、反馈，通过认知复习来巩固来访者已经掌握的正确的认知观念；指出来访者继续努力的方向，即自我监督与控制；来访者自我总结、自我分析人格；评估疗效。

**（四）咨询效果**

在来访者的主动配合之下，咨询取得了良好效果。

1. 来访者评估

强迫检查已消失，偶有强迫观念但能控制，学习效率提高，睡眠障碍消除，人际交往改善，自信心提高。

2. 心理咨询师评估

结束前评估SCL-90，强迫1.9。

通过回访和跟踪发现，咨询已基本实现近期目标，来访者的强迫观念和强迫行为基本得到控制，情绪得到改善，自信心增强。来访者的学习效率提高，人际关系开始良好发展，逐步建立起了新的理念和建设性的行为。来访者的社会功能基本恢复，但其人格完善将有一个漫长的过程。

咨询结束三年后，来访者来到咨询机构告诉心理咨询师，他的强迫症完全好了，他把自己的经历写在博客上，并考取了三级心理咨询师证书，还在网上开设了心理咨询网页，专门接受强迫症的来访者，主要采用森田疗法。

## 三、讨论和反思

### （一）来访者的主要问题

根据收集的临床资料，参考心理测验的结果，借鉴许又新教授的神经症临床诊断方法，其心理及行为紊乱的时间已超过一年（3分），内容泛化，对日常生活和学习已造成一定的影响（2分），感觉精神痛苦严重（3分），完全无法摆脱。又根据其症状、病程，评估其有强迫症状，属于神经症范畴，但还需进一步搜集资料。其强迫症状表现为强迫行为和强迫观念并存，以强迫观念为主，其自知力完整，求治欲望强烈。

来访者在第1次咨询后去医院心理科就诊，被诊断为"强迫症"。

### （二）导致来访者问题的主要影响因素

1. 生物因素

遗传因素被认为是强迫症的发病因素之一，家族成员中具有强迫倾向的个性可能是其重要的影响因素之一。来访者的父亲做事特别认真，故遗传因素可能是来访者强迫症的原因之一。

2. 心理因素

强迫症与强迫性人格有密切关系，强迫性人格的核心特征是缺乏自信和完美主义。有强迫性人格的个体在心理压力下易发展为强迫症。案例中的来访者的强迫症状有其个性基础。

3. 社会因素

强迫症的发生与社会因素有关，各种各样的生活事件、心理应激常是发病和症状加重的诱因。对来访者来说，高考是重要的人生关口，自己必须成功，才能符合社会对成功的评价。

具体来说，和来访者共同分析强迫观念和强迫行为的原因——个性与成长经历。童年期和少年期不良的家庭教养——父亲对其十分严格，有时使用暴力，从而形成了其做事谨小慎微以及内心的极度不安全感。起初的压力来自父亲和老师，后来的压力则来自自我的严格约束。另外，帮助来访者判断自己的认识和行为、情绪之间的关系。认知过程在一定程度上决定着行为的产生，同时行为的改变也可以引起认知的改变。认知和行为相互作用，在来访者身上常表现为一种恶性循环，即错误的认知观念导致不恰当的情绪和行为，而这些情绪和行为也反过来影响认知过程。比如，你错误地认为别人会在意你，所以就出现紧张情绪，继而回避与人交往，而紧张和回避使你对别人的看法更加关注。这就需要告诉来访者，某些强迫的念头很多人都会偶尔冒出来，但一般人不会多虑，不会介意，不会有意克制，而是继续做自己该做的事。而你容易过分关注，为此苦恼，并竭力抗拒和阻止这种现象的发生。结果是，强迫的冲动不但没消失，反而会得到强化，形成稳定的条件反射。

**（三）如何处理来访者的问题**

来访者的主要问题是强迫观念和强迫行为，其根源是来访者过分追求完美的人格特征、从小接受过分严格的教养方式和社会环境的影响。来访者情绪的变化和具体行为的异常，还存在着个体对社会认知的偏差和不合理等因素。所以，在实践中选择了针对性较强的认知行为疗法。认知行为疗法是应用认知和行为矫正技术的心理疗法，是通过改变不恰当的思维和行为的方法来改变不良认知，从而达到消除不良情绪和行为的短程心理咨询方法。对来访者表层错误观念进行检验和对深层错误核心观念进行纠正，在行为矫正的基础上再进一步改变认知，用新的思维方式来代替旧的、不适应的行为方式。另外，来访者年龄较小、文化程度高、理解和接受能力较强，适合运用此方法。

针对具体的强迫行为和观念，采用行为疗法中的厌恶疗法（橡皮筋法）。厌恶疗法是利用操作条件反射中的惩罚原理，在某一特殊行为反应之后紧接着给予一个厌恶刺激，最终会抑制和消除此不良行为。对不良强迫行为和观念的自我惩罚，可以使不良的条件反射逐步消退。

**（四）反思**

心理咨询师对咨询的总体评价：经过15次的咨询，来访者的咨询目标初步达成，双方对咨询效果基本满意，处理分离焦虑后，结束咨询。

咨询效果基本满意与以下几个因素有关：①建立了良好的咨询关系；②来访者具有强烈的咨询动机；③来访者有较好的认知领悟能力；④来访者行为训练的主动性较好。

心理咨询师处理不足之处：在与来访者建立咨询联盟的初期阶段，心理咨询师急于用认知行为疗法的技术，导致来访者有抵触情绪。所幸心理咨询师及时调整了咨询方法，不去过多关注症状，尽可能地倾听、共情，让来访者宣泄不良情绪，并灌注咨询希望，从而使得咨询朝着咨询目标前进。

# 案例2　考上"211"的"学渣"

## ——一则有强迫症状来访者的心理咨询案例

## 一、个案介绍

**基本信息：**栾峰，男，22岁，大四，未婚，来访时已被一所名校研究生学院录取。

**对来访者的初始印象：**身高1.80米左右，阳光帅气，干净利落，但见到心理咨询师显得有点紧张，会谈开始时说话略有结巴。

**求助的主要问题：**对很多事情不确定，纠结，感觉不自由十多年。最近一个月觉得自己走路的姿势僵硬。容易发脾气，特别是觉得被人冤枉时。整天纠结，特别烦恼，怀疑自己患有强迫症。希望不再纠结，能控制脾气，活得自由。

**来访者自诉：**"我整天纠结很多事情，感觉不自由。常常一个东西不纠结了又纠结另外一个东西，如考试时担心试卷没写名字、题目有没有做对，看到剪刀担心自己会拿剪刀自伤等。最近一段时间，我纠结站立和走路的姿势，怀疑别人能看出来我的紧张和纠结，感觉路人在议论我，还特别怕别人冤枉我。最近一周有睡眠问题，表现为：入睡困难，多梦，醒后仍然觉得疲劳。我上网查了我的表现，我觉得我得了强迫症。我去医院检查，医生说我是强迫症并给开了药，我没拿药，因为外婆怕我吃药把大脑吃坏了。不想一直这样下去，趁着现在放假在家，就想找个心理医生把自己的问题彻底解决，所以就来找你们了。

"我自小就有心理问题，大概在上幼儿园的时候就经常担心自己会不会突然死去，一个人的时候有时会舔桌子和板凳。这些事情我一直都记着。上小学的时候，晚上一个人在房间里，总觉得床下面有人，忍不住去看床下面和衣柜里面有没有藏人。上高中起，总担心自己的思维被别人控制住了，感觉有人知道我在想什么。特别怕别人冤枉我，冤枉我考试成绩是作弊得来的。走在路上也担心别人议论和嘲笑我，说我是笨蛋。当然，这只是一种担心和一种感觉，并没有听到过议论和嘲笑我的声音。如果我听到了，我想我会找他们理论。这让我很纠结。上高中后，这些想法稍微减轻，因为我告诉自己，别人怎么想是他们的事情，我知道我没有错。在高中图书馆借了一些心理学方面的书，对我有些帮助。大一开始出现新的问题：坐着的时候，总觉得自己的坐姿有问题，含胸驼背，不挺拔。最近一个月，出现走路时姿势僵硬，手都不会摆，特别别扭。走在路上，觉得别人议论我，说我走路的样子很奇怪。这一点我问过妈妈和外婆，她们说我走路的时候确实不自然，说明并不是我多心。刚才来咨询门诊的路上，我让外婆跟在我后面，观察我走路的姿势是不是有点奇怪，外婆说还好，我觉得她是安慰我，不想让我瞎想。如果哪天我过得很充实，特别是在学习上有收获、心情好的时候就不怎么胡思乱想；如果哪天我浪费了很多时间看电视和玩手机，我心情就会很糟糕，觉得自己堕落了，那么症状会更严重，真的很痛苦，不想出门，也不愿意找同学和朋友玩。睡眠也不好，上床一个多小时才能睡着。学习效率很差，好在我已经被保送研究生了，不然的话我肯定考不上。

"以前想通过自己的努力克服这些问题，通过看书和上网查相关的资料后有一些好转。但自从收到研究生录取通知书后，反而觉得生活没有目标了。整天上网、看电视，碌碌无为，觉得再这样下去一辈子就完了，我以后还要做一个成功人士呢。想到这些就特别恐慌。慢慢地，以前的症状又回来了，而且越来越严重。还有一个问题是，不能容忍别人冤枉我，比如说家里什么东西坏了，外婆就会对我说：是你搞的吧？我就会回想起以往被冤枉的事情，从而大声吼叫，证明我没做，他们才不说了。"

**成长史和重要事件：**来访者是足月顺产，母乳喂养，童年发育正常。目前，来访者躯体健康状态良好，家庭成员也无重大健康问题。

"爸妈在我一年级的时候就离婚了，可是所有人都瞒着我。因为爸爸常年在外地工作，他不回家，我也没觉得有什么不正常。一直到小学四年级，爸爸来争我的抚养权，爸妈经常争吵，我才知道了爸妈离婚的事。妈妈告诉我，我上幼儿园时，爸爸就出轨了。我回忆起自己三四岁的时候，晚上我们一家三口睡一张床，爸妈经常夜里争吵，我装作睡着了。妈妈平时不让我见爸爸，只是每个月去他那里拿我的抚养费时才能见到爸爸，每次和爸爸分开后心里特别难受。

"我上幼儿园的时候就看报纸，大家都夸我聪明。我上四年级的时候，知道爸妈离婚了，我变得特别自卑、怕生，同学经常欺负我，嘲笑我是笨蛋。妈妈对我特别严格，平时总是对我绷着脸。要我一定争气，好好学习，如果考试考好了，妈妈才会露出一点笑容，妈妈开心我就开心。但妈妈经常打击我，说我是'学渣'，我也觉得我是'学渣'。后来，我学习成绩一直很好，初中、高中上的都是重点中学，高考发挥不好，但也被一所重点大学录取，今年要毕业了，被保送了研究生。但我还是觉得自卑、敏感、多疑。朋友很少，联系也不多，觉得没有人能理解我和帮助我。现在与母亲、继父、外婆同住，与继父关系还不错。家里人都爱钻牛角尖，每个人都觉得自己是对的。"

**以往咨询经历：**来访者曾经打电话咨询过咨询机构两次，咨询机构老师建议来访者面谈。咨询助理预约进行了首访，首访后三天转给心理咨询师。来访者此次咨询前曾去本地一家三甲医院心理科就诊，被诊断为"强迫症"，医生开了药并建议其接受专业的心理咨询。来访者未取药，上网查找到本咨询机构，电话联系后前来咨询。

## 二、咨询过程和结果

### （一）咨询设置

心理咨询每周1次，50分钟/次，收费200元/次，咨询前签订协议，告知保密原则、来访者及心理咨询师的权利和义务、请假、迟到等相关设置，取消或者更改时间需提前24小时通知。

### （二）咨询目标

①缓解来访者的强迫思维和强迫行为；②来访者不再纠结，行为能果断些，达成行为上和心理上的自由；③来访者能控制自己的脾气，让自己活得自由。

### （三）咨询方法及过程

双方商定的咨询方案是通过心理动力学的理论帮助来访者理解其问题的成因，采用认知疗法帮助来访者处理与强迫思维和强迫行为相关的自动思维、中间信念乃至核心信念。采用行为疗法矫正来访者的强迫行为。

和来访者一共进行了20次的咨询，商定放寒假时继续咨询，但寒假期间咨询机构未能联系上来访者，咨询中止。

初始访谈阶段，收集来访者的资料，进行评估，建立咨询联盟，商定咨询目标，帮助来访者理解什么是认知行为疗法。

收集来访者重要的成长环境和经历资料，来访者是足月顺产，母乳喂养，童年发育正常。目前，来访者躯体健康状态良好，家庭成员也无重大健康问题，排除躯体疾病导致的心理障碍。评估来访者的生理、心理、社会各方面的情况，根据异常的心理活动（有病与非病）的三原则，判断是一般心理问题、严重心理问题还是神经症。

根据来访者的症状、病程和对社会功能的影响程度的评估，来访者符合强迫症的诊断标准。心理咨询师不做疾病的诊断，仅仅对来访者进行描述性的评估。来访者咨询前曾去本地一家三甲医院心理科就诊，被诊断为"强迫症"。

在咨询中期，心理咨询师进一步收集资料，寻找和讨论来访者的自动思维和中间信念，识别来访者认知上的错误。探讨来访者的核心信念，探究来访者核心信念形成的原因。对来访者的一些错误认知进行纠正，对其强迫行为采用暴露和仪式行为阻止等行为疗法。即通过与来访者一同探讨一系列与发病原因相关的问题，包括人格特征、家庭互动模式、童年有无心理创伤等，使其对自己的病因有全面的认识。同时，帮助来访者找出自身的歪曲观念和错误的认知模式，通过改变来访者的认知达到改变其情绪、行为的目的。

对于来访者的一些自动思维进行工作。如："我走路的姿势不好看，别人一定会笑话我"，通过自动思维清单（DTR）的方法，帮助来访者把负性自动思维改变成"我走路的姿势可能有点不自然，别人不一定看出来，没人会注意那么多"。

在咨询后期，结束阶段主要是评估咨询结果，处理分离焦虑，预防复发，讨论是否继续咨询。来访者在咨询的最后一次反馈说：咨询有效果。表现为：人际交往增加了，在新生QQ群里敢说话了，在路上敢和陌生人说话了；虽然遇事还是有纠结，但认为是自己的个性使然——我就是想法多；安全感增加了。约定寒假时再来咨询，必要时去本校的学生咨询中心。

**（四）咨询效果**

咨询过程总体顺利，来访者心理领悟能力强，比较适合认知行为疗法。通过心理支持、自动思维清单、心理教育、行为指导等方法，来访者的强迫症状得以改善，能够灵活控制自己的不良情绪；敢于表达自己的意见，和陌生人讲话不再紧张；安全感增强，纠结减轻。基本达到预期目标。

# 三、讨论和反思

## （一）来访者的主要问题

强迫症又称强迫性障碍（OCD），特征为有意识的自我强迫与反强迫同时存在，二者的矛盾冲突使患者焦虑和痛苦。患者体验到冲动或观念来自自我，意识到强迫症状是异常的，但无法摆脱。强迫症可发生于一定的社会或心理因素之后，以典型的强迫观念和动作为主要症状，可伴有明显的焦虑不安和抑郁情绪。

强迫症的临床表现是反复出现某些强迫观念（思维）和强迫行为，虽竭力克制，但无法摆脱。患者往往通过强迫症状来缓解内心的紧张，而这种缓解作用是暂时的，只要内心冲突没解决，导致紧张焦虑的根源就存在，就会引发新一轮的紧张，形成恶性循环。

在本案例中，来访者的强迫观念为核心症状，主要表现为强迫怀疑。如怀疑试卷是否写名字，题目是否答完，走路和站立的姿势是否挺拔。还表现为强迫意向，如看到剪刀担心会拿剪刀伤害自己等。这些体验虽不是自愿产生，但仍属于来访者自己的意识。来访者力图摆脱，但摆脱不了，因此十分紧张、苦恼、心烦意乱、焦虑不安，还出现了头痛等一些躯体症状，进而导致睡眠障碍。

在本案例中，与强迫思维相比，来访者的强迫行为并不明显，只是有一些为了缓解焦虑的强迫检查行为和强迫性仪式动作。如怀疑题目是否做对了，会反复检查三四遍。强迫性仪式动作的表现，如走在路上，为了让自己走路的姿势显得自然，会在口中轻念"一、二、一"。

值得注意的是，正常人偶尔也会发生强迫现象，比如出门后担心煤气未关或门未锁好，忍不住要回去检查。但正常人在确认后不再反复出现，也不会因此而苦恼，更不会影响正常的生活。而强迫症患者因为摆脱不了而深感苦恼和自责，并拼命去压制和斗争，结果适得其反，强迫行为会更加频繁和顽固，进而更加烦恼和焦虑。他们就这样陷入一种不能自拔的恶性循环中。

**（二）导致来访者问题的主要影响因素**

**1. 生物因素**

遗传因素被认为是强迫症的发病因素之一。家系调查发现，患者父母中约5%~7%的人患有强迫症。如果将患者的一级亲属中有强迫症状但达不到强迫症的诊断标准的病例包括在内，则患者组的父母强迫症状的风险率为15.6%，显著高于对照组父母强迫症状的风险率2.9%。在本案例中，来访者的父母及一级亲属中未发现有强迫症的患者，但来访者感觉家里人都爱钻牛角尖，每个人都觉得自己是对的。因此，对来访者来说，家族中具有强迫倾向的个性可能是其重要的发病原因之一。

**2. 心理因素**

强迫症与强迫性人格有密切关系，大多数强迫症患者病前有强迫性人格特征。强迫性人格的核心特征是缺乏自信和完美主义。他们严格要求自己，追求完美，胆小怕事，谨小慎微，一丝不苟，优柔寡断，严肃古板，做事按部就班，循规蹈矩，注意细节，酷爱清洁。有强迫性人格的个体在心理压力下或生活事件应激下易发展为强迫症。

在本案例中，来访者的个性符合以上强迫性人格的核心特征。从小学开始，来访者就对自己要求严格，尤其是在学习上，学习成绩一直名列前茅。为了让自己更完美，还学习书法、音乐、朗诵等。

童年期的创伤性经历和父母过于严厉的教育方式、功能失调的信念往往影响强迫症的发生。有些学者认为，强迫症是强迫性人格的进一步发展，约有2/3的强迫症患者在发病之前存在强迫性人格。强迫性人格分为多虑型和固执型两种，这两种类型的人具有追求完美、拘泥细节、办事井井有条、一丝不苟、爱整洁的共同点。这种强迫性人格的形成也与遗传、家庭教育和社会环境有关。

在本案例中，来访者父母的关系长期不和，来访者一年级时父母离异，这对来访者来说是重大的创伤性经历。母亲严苛的养育方式，促使来访者的强迫性人格得以进一步发展。为了迎合母亲的期待、得到母亲的爱和关注，来访者对自己进一步高标准、严要求。

强迫症的症状具有某些特殊的心理意义。如强迫症的强迫检查，其实是患者没有安全感，对自己的行为没有足够的信心，对上一次的检查行为信不过，所以就会重复检查，对自己和环境进行过度控制，寻求确定感，获得安全感，以增强信心、降低焦虑。

3. 社会因素

强迫症的发生与社会因素有关，各种各样的生活事件、心理应激常是发病和症状加重的诱因。询问病史常可发现强迫症状与工作紧张、人际关系紧张、家庭不和、父母生活不协调、亲人死亡和意外事故等有关。

对来访者来说，高考、研究生的选拔等都是重要的人生关口，自己必须成功才能符合社会对成功的评价。来访者在咨询中多次表达要成为成功人士的强烈愿望。

**（三）如何处理来访者的问题**

强迫症的干预，临床上多采取药物治疗或心理治疗，或者药物治疗结合心理治疗。

1. 药物治疗

药物治疗对强迫症是有明显效果的。如三环类氯丙咪嗪，是 5-HT 和 NE 再摄取抑制剂，临床研究显示治疗强迫症的有效率为 50%～80%。目前，使用最多的可能是选择性五羟色胺再摄取抑制剂，如帕罗西汀等，对伴有明显焦虑和抑郁的病人可在使用前述药物的基础上合用苯二氮卓类药物。

2. 心理治疗

有多种心理治疗方法对强迫症有效。认知疗法是通过与患者一同探讨一系列与发病原因相关的问题，包括人格特征、家庭互动模式、童年有无心理创伤等，使咨询师对患者的病因有全面的认识。同时，帮助患者找出自身的歪曲观念和错误的认知模式，通过改变认知达到改变情绪、行为的目的。对于有明显仪式性强迫行为的患者，仪式行为阻止和暴露相结合的行为疗法疗效较好。

认知疗法关于强迫症形成的理论是：人们经常有重复出现的想法是正常的，如人们经常思考一个问题，反复思考以求全面和细致。但如果一个人有不合理的信念，对己对物追求完美主义和存在过高的责任感要求，在思维方法上又有绝对化、片面性、夸大危险的想象等，则反复思考偏于负性评价，使重复想法添加了情绪色彩，感到威胁和可能伤害自己而产生焦虑。患者为了避免威胁和伤害自己采取反强迫回避，于是患者觉得有必要采取象征性的抵消行为使自己的焦虑得到减轻，这类行为被操作性条件反射强化，形成了持久的强迫症状。如此恶性循环形成了强迫症患者强迫和反强迫的自我搏斗的核心症状：强迫思维、强迫观念→焦虑→减轻焦虑的象征性中和行为及精神仪式→强迫思维、强迫观念。

对该来访者采用了认知行为疗法，主要包括以下几个内容：①心理辅导。建立良好的咨询关系，取得来访者的充分信任，让来访者了解相关强迫症的知识，树立咨询的信心。②打破其原有的错误的认知结构，重建认知。使来访者领悟焦虑不安情绪与强迫症之间的关系，发展新的、适应性的认知，打破恶性循环。③行为改变。通过疏泄、领悟、面对、再教育、作业、训练等技术引导来访者产生建设性行为的变化并进行巩固。④重新评价。提高自我处理问题的能力，重新评价自我效能。

仪式行为阻止和暴露相结合的行为疗法在该案例中的应用如下：

主要针对困扰来访者的强迫思维和仪式化的行为。这个治疗内容包括三个元素：真实暴露、想象暴露以及仪式行为阻止。真实暴露是让来访者在一段较长的时间内和引起焦虑、痛苦的环境及令人害怕的物体共处，比如，当来访者在公交车上感到别人都在注视自己，从而产生不自然的动作时，继续停留在车上，而不是像往常一样立刻下车，感到紧张时就做深呼吸。看到剪刀感觉害怕时不走开，做深呼吸，放松身体。想象暴露是脑海中想象自己处在害怕的环境中及其后果。如，让来访者想象自己被周围人注视，接下来会发生什么。仪式行为阻止是克制仪式化行为，如坐在电脑前不去检查自己是否坐直了，只关注自己当时要完成的工作；走路时当出现要说"一、二、一"的冲动时就让自己马上停止。

**（四）反思**

经过20次的咨询，咨询目标初步达成，双方对咨询效果基本满意，处理分离焦虑后，商定寒假时继续咨询。

咨询效果基本满意与以下几个因素有关：①建立了良好的咨询关系；②来访者具备强烈的咨询动机；③来访者有较好的认知领悟能力；④来访者行为训练的主动性较好；⑤有一定的社会支持。

心理咨询师处理不足之处：来访者有的自动思维是以"无能"核心信念的形式出现，在对这些自动思维进行工作时很困难，心理咨询师刚开始感到很挫败。心理咨询师出现的自动思维是"我恐怕帮不了他"。此问题通过督导得以发现，在后面的咨询中，心理咨询师注意觉察自己的感受和自动思维，并对自己负性的自动思维进行工作，能够坦然面对咨询中出现的困境，努力处理问题。

由于咨询疗程的限制，没有足够的时间与来访者处理他的核心信念问题。

# 案例3 我为什么感到莫名的害怕
## ——一则惊恐发作来访者的心理咨询案例

## 一、个案介绍

**基本信息**：文雅，女，已婚，34岁，中专学历，全职主妇。主要家庭成员及关系：老公36岁，公务员，家中独子，性格像个孩子，不成熟，但来访者在情感方面对老公特别依赖；夫妻感情不错，一般只是小吵小闹；有一个女儿，4岁，乖巧懂事；公公婆婆均已退休，与来访者居住在同一个小区，每天来访者一家三口会去公公婆婆家吃晚饭；公公性格比较懦弱，婆婆性格强势、唠叨、有洁癖，对来访者的老公有些偏爱。

**对来访者的初始印象**：身高1.65米左右，偏瘦，棕黑色短发，瓜子脸，衣着整洁干净，身穿运动装，显得很干练。来访者就座后，就迫不及待地说起自己的症状，语速很快，神情略显焦虑。

**求助的主要问题**：来访者在无明显诱因下，突然感到胸闷、心悸、呼吸困难、喉头堵塞、呕吐、手麻等身体不适，同时伴有焦虑、害怕及濒死感，每次持续10几分钟，每个月发作三四次。希望通过咨询能缓解身体不适和焦虑、恐惧的情绪，改善睡眠。

**来访者自诉**："突然感到焦虑、害怕、胸闷、心慌、喉咙堵、想吐、手麻，厉害的时候觉得要死的感觉，平均每个月要出现三四次。我发现了一个规律，只要头一天晚上没睡好，第二天就会犯病。睡眠好了，一切都好了。和老公一直感情不错，自从女儿出生以后，我把重心都放在女儿身上，对老公有些忽视，开始有些小吵小闹，两年前为孩子教育的问题大吵过一次。后来是老公主动示好，我们就和好如初了。我6年前为了和老公团聚，从北方来到南方；后来又为了照顾孩子，辞掉了一份自己喜欢的工作。现在想起来，有点后悔。我的优点是善良，别人对我一分好，我就对别人十分好。从小我父亲就对我灌输这样的思想：受人滴水之恩，当涌泉相报。最见不得别人可怜，别人借钱不还，下次借钱时说得可怜，我还是会借给他。我从来没有杀过鸡、鸭等动物，在路上看到蚂蚁都不敢踩，觉得它们也是生命，不应该残害它们。我不养宠物，怕看到宠物病死和老死的样子。我的缺点是小心眼，做事一根筋，考虑问题转不过来弯，容易发脾气。有时候婆婆对我说话的语气稍微重一点，我就不开心，闷在心里，不开心就容易朝女儿和老公发脾气。

"我从小就容易焦虑，想得比较多，比较悲观，总是往坏处想。现在睡眠对我来讲是最大的问题。我生孩子后睡眠就比较浅，现在更严重了。睡眠时间与女儿同步，晚上9：30上床，女儿睡着后我要在床上翻来覆去一个多小时才能睡着。自女儿出生后，我与女儿睡主卧，老公一人睡小房间，我也不知道老公几点睡，肯定比我晚。自从失眠后，我就出现紧张、焦虑、害怕的感觉，还出现头疼、手麻、脸发紧、呕吐等身体症状，我认为所有的问题都是睡眠不好引起的。以前也是这样，睡眠好了，一切就都好了。

"最近的一次失眠是一个星期前和老公去老家参加婚礼，因为亲戚家办喜事，人多热闹，我有点不适应，睡得比较迟，差不多到晚上12点才上床，虽然很困，但就是睡不着，接着突然心跳加快，感觉心脏都要从嗓子里跳出来了，非常害怕，而且胃不舒服，跑到厕所里就吐了。凌晨三四点到医院检查，什么问题都没有，回去以后吃了点东西又吐。

"我儿女心特别重，因为我的孩子来之不易，流产了一次，第二次保胎三个月才生下女儿。我爸妈身体不好，不能给我带孩子。我婆婆白天帮我们带孩子，晚上要去跳广场舞。有时我身体不舒服，老公出去应酬，我想让婆婆帮我带孩子，但我这个人不会表达需要，没有跟她说过。

"老公白天要上班，工作很辛苦，他觉得孩子有我和婆婆照顾就可以了，所以孩子他几乎不怎么管，也很少带孩子出去玩。虽然我对婆婆和老公有不满，但似乎没理由不满，家里的财政大权在我手里，我想买什么都不用和他们说，比如买房、买车、给孩子上什么学校这些大事，也是我一个人去办。去年有段时间他晚上回来总是特别晚，我觉得有点不对劲，就和他谈。他说我的眼里现在只有孩子，他下班回家，我也不陪他，觉得在家没意思，晚上也分床睡，觉得不像正常夫妻。我知道他回来晚也不是在外边有外遇，就是和同事打牌聊天。他工作一直很忙、很辛苦，一直在努力进步，还会去学习，但是我天天在家里，也不怎么跟人接触，我已经和社会脱节了，我担心我跟不上他的脚步。"

**成长史和重要事件：**"我足月顺产，母乳喂养，父母为普通工人。母亲性格内向，心地善良，能吃苦，比较固执；父亲性格开朗、随和、大方。有一个弟弟，比我小5岁，已成家。感觉父母对弟弟有些偏爱，但对我也不错。我和弟弟感情也不错。弟弟买房，我还资助了一些钱。我在小学学习成绩很好，上初中后学习成绩开始下降，初中毕业考取了中专，毕业后找了一家工作单位，工作待遇和环境都不错。在单位里面认识了现在的老公，第二年老公考取了他老家的公务员，要回老家工作，我为了他来到了人生地不熟的南方，一开始什么都不适应，好在很幸运，在这边又找到一份自己喜欢做的文员工作。但很快，我怀孕了，为了将来能好好照顾孩子，我生产前又把工作辞掉了，为此我哭了好久。在怀孕期间出现便秘的情况，痔疮发作，疼痛难忍，因为有孕在身，不能用药，只能硬扛，那是第一次感到焦虑、恐慌，不知道怎么的，后来又好了。两年前，和老公大吵过一次后开始经常失眠，做噩梦，梦见被人追杀、被狗咬。用了安眠药以后，失眠症状缓解一些。去年有一天，带女儿在小区里面玩耍，女儿奔跑时不小心磕破了嘴巴，血流不止，弄得我身上都是血，我当时吓坏了，急忙把女儿送到医院，缝了几针；一个月后的一天，女儿又一次摔跤，这次是在家里，我在洗衣服，她不小心头撞到了桌角，头上鼓起了一个大包，女儿撕心裂肺地哭，我怕她脑子被撞傻了，吓得我当时就出现心慌、胸闷、透不过气、想吐的感觉。送女儿到医院做CT，还好没什么大碍。那时候，老公和婆婆虽然没有怪我，但我自己觉得内疚，都是我没把孩子带好，让孩子受罪。"

**以往咨询经历**：一周前去某医院心理科就诊，被诊断为"焦虑症（惊恐障碍发作）"，医生开了抗焦虑和改善睡眠的药物，药名不详，建议来访者药物治疗与心理疏导同时进行。来访者3天前致电咨询中心，预约第1次咨询。来访者之前从未接受过心理咨询，这次一人准时来到咨询中心。来访者有一个闺蜜目前正在接受心理咨询，因此来访者对心理咨询有所了解，认为心理咨询很正常。

## 二、咨询过程和结果

### （一）咨询设置

心理咨询每周1次，50分钟/次，咨询前签订协议，告知保密原则、来访者及心理咨询师的权利和义务、请假、迟到等相关设置，取消或者更改时间需提前24小时通知。

### （二）咨询目标

通过咨询能缓解来访者身体不适和焦虑、恐惧的情绪，消除来访者惊恐发作的症状，改善其睡眠。一共进行了10次咨询。

### （三）咨询方法及过程

咨询初期，收集资料，建立咨询关系，确定咨询目标。讨论来访者的日常生活状况、与家人的关系，教授其放松训练法。咨询中期，讨论来访者的早年经历、与老公的关系、来访者压抑的防御机制、来访者的个性特点等与焦虑的关系。来访者回顾初次惊恐发作的经过和发生发展的过程，心理咨询师给来访者布置认知行为作业等。处理来访者对孩子的内疚情绪。来访者回忆起小时候被父母忽视的感受，心理咨询师理解来访者之所以对女儿过度保护，其实是对早年自己被忽视的一种补偿。重建来访者的安全感，改善其夫妻关系等。帮助来访者寻找"我无能"的核心信念与早年经历的关系。处理阻抗和来访者的核心信念，寻找核心信念的原因。来访者不再担心睡眠问题，安全感提升。咨询的结束阶段，总结咨询过程，讨论咨询目标是否解决，处理分离焦虑，预防复发。

咨询过程中重点帮助来访者理解症状形成和变化的过程：睡不好——紧张——焦虑症状出现——更紧张——身体不好，孩子怎么办——难过。让来访者暂时不关注睡眠，即使晚上没睡好，早上也按时起床。行为方面，给来访者布置家庭作业，鼓励来访者表达情绪和培养适当的兴趣爱好，尽早和女儿分床，多抽出时间和老公单独在一起，过二人世界。

来访者行动力很强，第3次咨询时向心理咨询师汇报，她报了一个瑜伽训练班，孩子上幼儿园的时候就去健身房练瑜伽。身体不舒服想让婆婆带孩子就直接说出来，婆婆也乐意带孩子。周末和老公去附近玩了两天，老公非常开心，感觉夫妻感情越来越好。下午有空的时候，联系多年未联系的朋友，约着去喝茶、聊天，感觉很舒服。

咨询初期，来访者和女儿分房睡觉有一些困难，女儿很依恋妈妈，来访者自己也不放心，夜里还经常去看看女儿有没有睡着或者有没有踢被子。

咨询过程总体顺利，来访者改变的动力强。通过心理动力学方法帮助来访者理解其问题的成因，采用认知行为疗法帮助来访者缓解焦虑，打破压抑和躯体化的防御机制，建设性处理不良情绪和不良亲密关系，帮助来访者表达合理的需求，处理与女儿的分离焦虑，更清晰地认识自我。来访者的安全感提升，最终达到预期目标。

通过心理动力学方法帮助来访者理解其问题的成因，采用认知行为疗法处理来访者的自动思维、中间信念。探讨来访者童年的经历与现在恐惧之间的关系，帮助来访者寻找"我无能"的核心信念与早年经历的关系，处理对女儿的内疚情绪。

（四）咨询效果

咨询过程总体顺利，来访者心理领悟能力强，特别适合认知行为疗法。在咨询中，探究其躯体症状背后的意义时出现阻抗，及时处理后，来访者认识到症状的继发性获益，咨询出现转机。结束时，来访者的焦虑情绪缓解，焦虑发作大大减少，安全感提升，睡眠基本正常，最终达到预期目标。

## 三、讨论和反思

### （一）来访者的主要问题

来访者曾去医院看心理门诊，被诊断为"焦虑症（惊恐障碍发作）"。心理咨询师在初始访谈中，通过收集资料排除了来访者的精神病性障碍，在对来访者进行全面了解的基础上，对来访者进行评估，初步诊断为"焦虑状态"。

什么是惊恐障碍？惊恐障碍又称"急性焦虑"，是一种以反复的惊恐发作为主要原发症状的神经症。这种发作并不局限于特定的情境，因此具有不可预测性。其典型表现是常突然产生，患者处于一种无原因的极度恐怖状态中：呼吸困难、心悸、喉部梗塞、震颤、头晕、无力、恶心、胸闷、四肢发麻，有"大祸临头"或濒死感。此时，患者面色苍白或潮红、呼吸急促、多汗、运动性不安，甚至会做出一些不可理解的冲动性行为。病情较轻者可能只有短暂的心慌、气闷，往往试图离开自己所处的环境以寻求帮助。发作的持续时间为数分钟至数十分钟，很少超过1小时，然后自行缓解。在发作间歇期，患者常担心再次发作而惴惴不安，产生期待性焦虑。在躯体方面，患者往往害怕自己因为心脏或呼吸系统疾病而致死。

大多数患者在反复出现惊恐障碍发作之后的间歇期，常担心再次发病，因而紧张不安，也可出现一些自主神经活动亢进的症状，称为预期性焦虑，可持续1个月以上。

惊恐障碍发作时，由于强烈的恐惧感，患者难以忍受，常立即要求给予紧急帮助。在发作的间歇期，60%的患者由于担心发病时得不到帮助，因而主动回避一些活动，如不愿单独出门，不愿到人多的热闹场所，不愿乘车旅行或出门时要他人陪伴等。

### （二）导致来访者问题的主要影响因素

#### 1. 生物因素

惊恐障碍可能与遗传因素有关。临床统计发现，焦虑症患者的父母和兄弟姐妹常有焦虑症状或焦虑人格，家庭发病率为15%，远高于一般人群中5%的发病率。在回顾来访者的家族史时发现，来访者的母亲性格急躁、容易焦虑，对身体健康比较关注。来访者胆小、敏感、焦虑的特质是来访者症状的性格基础。

2. 心理与社会环境因素

童年期的创伤性经历、较高水平的分离焦虑、不安全的依恋关系都是将来发展为焦虑症的易感因素。某些特定事件与后来出现的惊恐发作密切相关。在本案例中，来访者的安全感缺乏。来访者原生家庭较贫困，父母整天忙于挣钱养家，来访者感觉被忽视。来访者回忆起六七岁的时候，一次被狗咬了，夜里不停地哭，爸妈不管她，她很伤心。弟弟出生后，她被忽视的情况更为明显，导致来访者自童年期安全感不足。在咨询室中表现得很敏感，担心来心理咨询被熟人看见，担心在咨询室里说的话被门外面的人听见，会反复求证。加之来访者目前无业，是全职太太，担心自己在各方面落后于老公，会被老公抛弃。

惊恐障碍患者在面临问题时容易陷入"大难临头"的思维里。他们往往夸大问题的严重程度而低估自己的应付能力，常常认为自己无法控制生活和周围的世界。这种消极的思维方式使得他们在遇到困境或难题时，变得非常紧张和担心，自尊水平也随之降低。以后再发生类似的事情时，也会看成是不可控制、不可预料和不可能解决的。如来访者会认为自己睡不好就一定会出现惊恐发作，孩子受伤都是自己导致的，自己没有能力带好孩子等。

社会生活事件如学习紧张、工作压力、人际关系紧张等均可作为情境性刺激或心理应激，诱发焦虑症的发生。女儿两次意外受伤，让来访者受到了强烈的刺激，让来访者产生了这样的想法：生活中充满了危险。

与老公的关系疏远，压抑了对婆婆的不满，使得来访者将不良的情绪转移到躯体症状方面。来访者生病后，老公和婆婆都很紧张，老公不再晚归，使得来访者继发性获益。

3. 惊恐障碍的心理学解释

精神分析学派认为，焦虑是过度的内心冲突对自我威胁的结果。冲突的来源主要有三个方面：外界（现实焦虑）、本我（本我焦虑）及超我（道德焦虑）。该来访者的超我功能过强，自我功能不足，可能是导致焦虑的重要原因。

行为主义学派认为，焦虑是一种习得性行为，起源于人们对刺激的惧怕反应，由于焦虑刺激和中性刺激之间建立了条件联系，条件刺激泛化形成焦虑。该来访者在童年生活中，习得了母亲遇事易焦虑的处世态度和行为方式、对身体健康的过分关注，并且在以后的生活和工作中不断强化。

认知学派认为，人们对事件的认知评价是焦虑症发生的中介。当个体对情境做出危险的过度评价时便会引发焦虑反应。对情境做出过度危险评价来源于个体童年时期逐渐形成的核心信念"我不可爱，我是无能的"。核心信念会导致一系列负面的中间信念，如"如果我不能时刻保持警惕，那么我就会失控""我必须要让我的身体保持绝对的健康状态""我不可爱"的核心信念产生中间信念，如"如果要让别人喜欢我，我就不能直接表达我真实的想法"。在这样的中间信念的支配下，来访者对情境产生过度危险的认知评价，出现了很多负性的自动思维，如"我现在感觉心慌，一定是心脏有毛病了""我没照顾好女儿，我真没用""睡眠不好，身体会垮掉的"，从而加剧焦虑症状，形成恶性循环。

核心信念一般与早年的经历及父母对孩子的养育方式有关。来访者在家里排行老大，自幼胆小，被给予的关注少；来访者一直很懂事，不想给大人添麻烦，压抑了情感需求，从而缺乏安全感，对外界和身体的变化"风声鹤唳，草木皆兵"。

**（三）如何处理来访者的问题**

1. 心理治疗

针对惊恐障碍的来访者，认知疗法、行为疗法均有较好的效果。

（1）认知疗法。

焦虑障碍患者之所以会产生过度的、不切实际的紧张和担忧，是因为对外部世界存在着灾难性的认知。因此，倘若要消除来访者的情绪症状，必须纠正其错误的认知，使其重新建构对外部世界的合理认知。此案例中的来访者，当其面对危险情境时，会出现"我一定无法控制"的负性自动思维，负性自动思维引发强烈的不安全感，继而出现焦虑、恐慌等情绪，导致自主神经功能紊乱，出现一系列的躯体症状，增加惊恐发作的可能性。因此，在认知理论框架下，咨询的重点是挑战来访者的灾难性思维，改变其对情境的认知评价。

（2）行为疗法。

最适用于惊恐障碍的行为疗法是放松训练。放松训练是通过有意识地控制或调节自身的心理和生理活动，达到缓和身心紧张的目的。放松训练假设个体的焦虑反应包含"情绪"与"躯体"两个部分，倘若"躯体"的反应被改变，"情绪"也会随着改变。放松训练的具体程式有许多，临床上常用的两种是渐进性放松和自主训练。

渐进性放松又称渐进性肌肉松弛疗法，由美国的生理学家Jacobson创立。该疗法的具体实施过程是让病人采取舒适的坐位或卧位，沿着躯体从上到下的顺序，对身体各部位的肌肉先收缩5～10秒，同时深吸气并体验紧张的感觉，再迅速地完全松弛30～40秒，同时深呼气并体验松弛的感觉。如此反复进行，可以进行某一部位肌肉的放松训练，也可以进行全身肌肉的松弛练习。练习时间可以从几分钟到20分钟。

自主训练是德国脑生理学家Vogt.O提出来的。自主训练有六种标准程式：①沉重感；②温暖感；③缓慢地呼吸；④心脏慢而有规律地跳动；⑤腹部的温暖感触；⑥额部的清凉舒适感。训练时，在指导语的暗示下，缓慢地呼吸，从头到脚逐个部位体验沉重、温暖的感觉，达到全身放松。

在此案例中，第2次咨询时，心理咨询师在咨询室给来访者体验了一次放松训练，并指导来访者如何进行自我放松训练，布置家庭作业，要求来访者回家自行练习，每日1次，每次15～20分钟。

2. 药物治疗

抗焦虑药物如苯二氮卓类（如阿普唑仑、氯硝西泮）对控制惊恐发作有很好的疗效，对焦虑症状的控制效果明显快于三环类抗抑郁药和五羟色胺再摄取抑制剂、五羟色胺和去甲肾上腺素再摄取抑制剂（SNRIs）类药物，但有形成依赖和成瘾的可能。目前，主张抗焦虑药与三环类抗抑郁药或五羟色胺再摄取抑制剂类合用。大多数抗抑郁药的抗焦虑作用也很显著，但起效较慢。芳香族哌嗪类抗焦虑药如丁螺环酮主要用于广泛性焦虑障碍，优点是不成瘾、安全、不影响认知和运动功能，但起效慢且不能改善睡眠。

在此案例中，心理科医生建议来访者适当使用五羟色胺再摄取抑制剂药物和苯二氮卓类，给其开了西酞普兰和阿普唑仑，但来访者未取药。

### （四）反思

经过10次的咨询，来访者焦虑的症状基本消除，咨询第2次和第3次期间发作过一次，持续时间比以往短，睡眠基本恢复正常。来访者的咨询目标已达成。

咨询过程总体顺利，在咨询初期，来访者的症状迅速改善，可能由于来访者的求助动机较强，对心理咨询师充分信任导致的蜜月期效应。咨询中期，来访者锻炼时关节受到损伤，不敢运动，其情绪低落，睡眠障碍再次出现。采用认知行为疗法，帮助来访者改变"一次睡不好就会形成连锁反应"的错误认知，帮助其在无法入睡时，形成"睡不着就睡不着，今晚睡不着明天累了就能入睡了"的想法，打破"越想快点入睡越睡不着"的模式。咨询过程出现转机是帮助来访者认清自己一贯采用的压抑和躯体化的防御机制，打破其非适应性的防御机制，帮助来访者适当表达合理的需求。在与女儿分床时，来访者担心女儿无法忍受分离焦虑，其实是来访者自己害怕与女儿分离。长期与老公的情感疏离，使得来访者与女儿的关系过度紧密。通过与来访者讨论家庭边界，来访者意识到是自己无意识中将老公推出家庭之外的。来访者后来改变了对老公的态度，寻找机会与老公共度二人世界，夫妻关系更为融洽，女儿也能安心一个人睡觉。在与婆婆的关系中，来访者开始学会表达自己的需求，对婆婆介入夫妻关系时，也能温柔地坚持自己的领地，并为改善公婆关系创造机会。来访者在咨询期间，为公婆安排了一次长途旅游。公婆旅游回来后，来访者发现婆婆与自己的关系改善，干涉小夫妻关系的情况减少。

疗效的评估，主要来自来访者的自我评价：

（1）焦虑症状大大缓解，从最初自评的9分降到现在的2分（最高的焦虑分是10分），已有一个多月未出现惊恐症状；

（2）对睡眠问题不再纠结，能睡就睡，顺其自然，心慌、麻木等症状消失，不再担心睡眠问题，如果应对方法无效，暂时服药也没有关系；

（3）学会了自我调整，无法入睡时即冥想，白天锻炼，与朋友聊天；

（4）行为处事方式改变，适当表达情绪和需求；

（5）理解了童年的经历与现在恐惧之间的关系（长期被忽视，安全感缺乏以及小时候经常被父母吓唬、辱骂）；

（6）理解了性格与焦虑、恐惧情绪之间的关系（胆小、敏感、爱钻牛角尖）；

（7）理解了焦虑的利弊，焦虑使得自己会适当注意自己和家人的健康，预防疾病的发生；

（8）疾病让自己的人生态度发生改变，认识到家人对自己的关心。

咨询的成功与以下几个因素有关：①建立了良好的咨询关系；②来访者具备强烈的咨询动机；③来访者有较好的认知领悟能力；④来访者行为训练的主动性较好；⑤有一定的社会支持。由于咨询疗程的限制，没有足够的时间解决来访者与其原生家庭的关系问题。

最后一次咨询时，来访者向心理咨询师要电话号码，希望在咨询结束后，在生活中遇到问题时能向心理咨询师请教，心理咨询师拒绝并耐心解释原因。那么，为什么心理咨询师与来访者不能建立咨询以外的关系呢？详见专栏1。

---

**专栏1：心理咨询师能和来访者做朋友吗？**

"我们可以成为好朋友吗？""有你这样一个朋友该有多好！""下周我们一起去喝茶吧，就像好朋友一样。"在咨询中，我们常常遇到来访者对心理咨询师表达想与其建立朋友关系的愿望，往往心理咨询师会告诉来访者，心理咨询的设置不允许心理咨询师与来访者建立咨询以外的私人关系。那么心理咨询师为什么不能和来访者做朋友？

来访者希望和心理咨询师在咨询外保持朋友关系，多数是对心理咨询师产生了正移情，把对早年重要他人的正性情感投射到心理咨询师身上，或者由于早年缺乏重要他人的爱，在心理咨询师身上得到了补偿，所以希望得到一份咨询关系以外的永久情感联系。心理咨询师会告知来访者咨询设置不允许，而且会和来访者充分讨论，探索移情关系。

从第1次咨询开始，心理咨询师就确立了和来访者的职业关系，即咨询开始，关系建立；咨询结束，关系结束。很多人认为是心理咨询师不近人情，其实这种设置首要的就是为了保护来访者的利益。

如果心理咨询师与来访者做朋友，会有什么样的负面结果？

1. 心理咨询师可能会在咨询中丧失中立态度

在咨询中，心理咨询师被要求保持一种中立的态度，才能够客观理解来访者的问题。心理咨询师保持一种非评价的中立态度，使来访者体验到安全感，有被尊重、被接纳的感受，从而引发来访者表达，引发来访者思索、自我探索。如果心理咨询师和来访者走得很近，心理咨询师会有不同程度的情绪卷入，可能会丧失中立的立场，思考和看待问题会有盲区。

2. 限制了来访者的独立成长

如果来访者和心理咨询师做了朋友,有问题就会随时联系心理咨询师,来访者就会失去独立面对问题和独立解决问题的能力,会把自己的问题全部都推到心理咨询师的身上,会形成对心理咨询师的依赖,这样不利于来访者自我的成长和人格的完善。

3. 心理咨询师把负面情绪传递给来访者

心理咨询师是普通人,在现实生活中也会有烦恼和困惑,也会遭遇生活变故。心理咨询师需要有维护自身心理健康的能力,才能够更好地为来访者提供专业帮助。心理咨询师如果与来访者做朋友,心理咨询师暴露的情绪状态和生活可能会给来访者带来消极暗示和负面影响。

4. 可能会干扰心理咨询师的生活

在咨询中,心理咨询师全神贯注地投入到来访者的情感世界中去,但是当离开咨询室后,心理咨询师要快速忘掉咨询中的负性情绪,回到自己现实的生活中来,这样才能使心理咨询师保持自身的身心健康。如果和心理咨询师做朋友,使得咨询关系边界不清,来访者的痛苦和负面情绪会一直传递给心理咨询师,会干扰心理咨询师现实的生活。

如果心理咨询师与来访者成为朋友,实际上就形成了"双重关系"。

双重关系是指心理咨询师(治疗师)在心理咨询或治疗过程中与来访者除了专业关系之外,还存在其他社会关系。双重关系有可能会损害心理咨询师的客观性和助人能力,从而影响其工作的效果,甚至可能会直接对来访者造成剥削或伤害。当存在双重关系时,这种关系会侵蚀职业界限从而破坏信任关系,治疗的效果会因此受到影响。同时,界限的突破也可能使心理咨询师(治疗师)有滥用来访者信任的可能,从而对来访者造成伤害。

那么如何应对双重关系呢? 龙迪(2002)指出,心理治疗师应该做到以下几点:(1)要清楚自己的职业界限。作为心理治疗师其任务就是帮助求助者成长,为此,心理治疗师不能将助人的专业关系变成"亲人般"的关系。(2)经常进行自我反省。在想要进入求助者生活太多时,可能不是在帮助对方,而只是在满足自己的需要。(3)避免在做心理治疗师的同时担当不同的角色,即在必要条件下对可能产生双重关系的求助者将其转介给其他心理治疗师。(4)在接受专业训练和开展助人实践的过程中,不断促进自我成长,心理治疗师要防止过去的心理创伤妨碍与求助者建立和发展建设性的治疗关系。

资料来源:

龙迪,李晓驷,王择青.关于心理治疗中双重关系问题的讨论[J].中国心理卫生杂志,2002(4):282-285.

# 第四部分　亲密关系问题

## 案例1　我不想要二胎

### 一、个案介绍

**基本信息：**宜阳，男性，30岁，某公司经理，已婚。妻子大来访者3岁，还有一个女儿，2岁，一家三口生活在一起。父母60多岁，有一个弟弟，来访者和弟弟是双胞胎。父亲懦弱，胆小怕事，没责任感；母亲强势，脾气暴躁。弟弟一家与母亲更亲近。

**对来访者的初始印象：**中等身材，结实，文质彬彬，显得有点拘束，给人很老实的感觉。来访者表情严肃，咨询全程没有笑容。

**求助的主要问题：**来访者的母亲和妻子生男孩的要求迫切，而来访者认为目前家庭经济状况不好，精力有限，不愿生二胎。妻子目前怀孕四个多月，来访者自觉无力改变现状，整日郁郁寡欢，持续四月有余。希望通过咨询能让自己心情好起来，活得自由些，希望能改善与父母的关系。

**来访者自诉：**"我是一个敏感、懦弱、容易妥协的人。多年来，容易焦虑，感觉压力大，没有体验过快乐的感觉，最近半年尤为明显。已有一个女儿，2岁，但母亲和妻子生男孩的要求迫切，我不愿现在生二胎。因为我现在在一家500强公司任部门经理，手下有几十个人，事业刚起步，若有两个孩子感觉压力太大，不能给他们很好的经济和情感上的照顾，而母亲和妻子则强迫我接受。父母当年有我和弟弟两个孩子，生活得很艰难，我不想重复他们的人生，不想自己的孩子也像自己一样没有享受到正常的父爱和母爱。

"妻子性格强势，喜欢抱怨，不理解我。夫妻吵架时，妻子总是不依不饶，最后都是我不得不妥协，这让我感觉不舒服、很委屈。平时和妻子沟通很少，现在几乎是冷战的状态。

"我在生活中特别在意别人的评价，很少与人交往，朋友很少，知心的朋友更没有，感觉很压抑、很孤独。

"现在公司效益还不错，我拿的是年薪，收入不低。但我担心公司的生意变差或者有能力的人取代我，我突然失业怎么办？所以，我现在拼命学习各种知识和技能，希望在各方面提升自己，但又觉得这样很累、很辛苦。

"半年前出轨公司一女下属，该女士单身，比来访者大4岁。开始和她在一起时，每天很开心。但是最近感觉这样下去对不起妻子，无言面对女儿。想要和她分手，但又担心对方不同意。"

**成长史和重要事件：**"1岁不到的时候，同弟弟一起由农村的爷爷、奶奶抚养，不知道从什么时候起，弟弟被父母带走，只有自己一个人在爷爷、奶奶家。爷爷、奶奶对我很好，我和他们感情很深。可是他们在我上初中时都去世了。父母特别忙，很少来看我。记得我三四岁的时候生了一场重病，父母来看我，母亲睡在我身边，我感觉很温暖。直到上小学的时候，我才回到父母身边，和弟弟同班学习，而且父母让我要照顾弟弟。

"从小到大，我学习特别用功。小学时成绩很好，但到上初中时成绩略有下降。从上初中起，父母在外地打工，我和弟弟在外地租房读书，我既要学习还要照顾弟弟，而弟弟比较调皮、不听话，感觉很艰难，特别辛苦。从初中到高中，我多次不想上学，回家待几天，在家人和老师的劝说下又回到学校，觉得很内疚，给父母添了不少麻烦。高考发挥失常，只考上大专，而弟弟平时成绩不如我，却考上了二本院校。刚上大学时，特别努力，整天泡在图书馆学习，每天都想着如何成功。在校和父母打电话时，他们总是说挣钱不容易，要我节约。我特别想家，但又不敢回家，因为路费也是一笔不小的开支，会给家人增加负担。想想自己的未来，大专毕业后可能找不到好工作，特别悲观。加上追求过一个心仪的女孩，被无情地拒绝了，我觉得很伤心。整天无精打采，上课听不进去，晚上失眠，特别痛苦，我坚决要退学回家，父母反对未果。父母本来对我期望很高，可是我连大学都没有毕业，母亲逢人便唉声叹气地说起这事。我退学后通过几年的打拼成了一家公司的中层，现在在读成人大学，想要出人头地，证明给妈妈看，也希望证明给其他人看。"

**以往咨询经历**：来访者主动来到心理咨询中心，助手初诊接待后转给心理咨询师进行咨询。来访者一年前，因感觉"压力太大，睡眠不好"，去外地一家医院看了心理科，医生说是"抑郁"，开了药（药名不详），吃了几天后不见好转，来访者自行停药，认为心病还需心药医，多方查找并比较后选择了本机构，前来咨询。

## 二、咨询过程和结果

### （一）咨询设置

心理咨询每周1次，50分钟/次，收费300元/次，咨询前签订协议，告知保密原则、来访者及心理咨询师的权利和义务、请假、迟到等相关设置，取消或者更改时间需提前24小时通知。

### （二）咨询目标

①改善来访者的抑郁情绪；②消除来访者的压抑和孤独感；③改善来访者与父母的关系。来访者一共进行了40次咨询，咨询目标初步达成后结束咨询。

### （三）咨询方法及过程

初始访谈阶段，收集来访者的资料，进行评估，建立咨询联盟，商定咨询目标。咨询前评估来访者的生理、心理、社会各方面的情况，根据异常的心理活动（有病与非病）的三原则，判断是一般心理问题、严重心理问题还是神经症。通过对来访者的症状、病程和对社会功能的影响程度的评估，判断来访者符合严重心理问题的症状。心理咨询师不做疾病的诊断，仅对来访者进行描述性的评估。

医学评估首先要评估患者是否存在器质性疾病、是否需要药物治疗、出现不良果的风险等，以判断患者是否适合做心理治疗。如对一位主诉

问题，还有来访者"寻爱"的情结。从动力学的角度来说，来访者存在前俄狄浦斯期的问题，即母婴关系问题。来访者一直以来缺爱，也在苦苦寻找爱却不得爱。但也有俄狄浦斯期的问题，竞争失败，寻找比自己年龄大的女性作为妻子和情人；与弟弟竞争失败，弟弟高考成绩比自己好，弟弟与妈妈关系更亲近。

个案中的防御机制：合理化、回避亲密关系、理智化、反向形成（如恨妈妈其实是爱妈妈）、认同（认同父母的观点：我们的人生如此糟糕就是因为生了两个孩子）、补偿（与比自己年长的女性发生婚外情是对缺失母爱的补偿）等。

**（二）导致来访者问题的主要影响因素**

**1. 生物因素**

未发现明显的生物学因素，来访者也无器质性疾病。但是，来访者可能遗传了父亲懦弱、敏感的个性。

**2. 心理因素**

来访者在不满1岁时离开了母亲这个重要客体，所以他缺乏母爱，一直以来的努力都是要赢得母亲的爱和关注。为了迎合母亲的期待和得到母亲的爱与关注，来访者对自己进一步高标准、严要求。

**3. 社会因素**

社会竞争日益激烈，社会主流价值观要求男人要成功，来访者期望自己成为成功男人，满足家人和社会对自己的期待，无形中承载了巨大的心理压力。

**（三）如何处理来访者的问题**

采用心理动力学方法，初期阶段首先向来访者说明心理动力学方法的目标和过程，通过教育、解释和举例的方式让来访者了解心理动力学方法，设置咨询框架和边界等。在此阶段最重要的是要建立安全的咨询氛围，心理咨询师的任务是：让来访者理解过去是现在的模板，了解移情、防御和阻抗的概念，解释心理咨询师的节制，保持关切和建立咨询联盟，处理来访者在开始咨询阶段的失望。

中期阶段，主要和来访者讨论其行为和情绪背后的动力和防御机制，讨论和处理移情和反移情。探讨来访者早年的经历对其当今工作、生活和亲密关系的影响。

结束阶段，回顾咨询，体验和心理咨询师的分离，丧失体验转变为成长的机遇；重新体验和掌控移情，开始自我探索，解决当前已被充分理解的内部冲突。接纳咨询中的失望、局限和不成功的方面，讨论未来心理咨询的拮抗性，讨论对未来的计划。

### （四）反思

心理咨询师处理不足之处：来访者在咨询初期变化较大，愿意主动与妻子沟通，但和父母依然保持"熟悉的陌生人"的关系，公事公办，不想让关系更亲近。咨询中期，来访者的情绪似乎变得糟糕，与家人的关系变差，心理咨询师有些过于焦虑，总想推动来访者快一点改变，咨询曾经一度陷入僵局。这一现象，从来访者来说，可以用阻抗来解释，从心理咨询师来说，是心理咨询师对来访者出现了互补性反移情（详见专栏1），心理咨询师成了来访者严厉、苛刻和挑剔的妈妈，咨询必然陷入僵局。好在心理咨询师及时寻求督导，识别了自己的反移情和见诸行动，及时调整，使得咨询能继续深入。

不管来访者咨询的动机有多强烈，但来访者对恢复健康持有矛盾的态度。情感症状总是伴随潜意识冲突，这些冲突由创伤性记忆和痛苦体验等组成，导致来访者出现症状的某些力量会阻止这些记忆、体验和冲动在意识中出现，阻碍来访者将痛苦的情感内容带入意识，因此阻抗和防御必然会在咨询过程中产生。

解释阻抗的原则是承认现实因素对阻抗的作用，尊重来访者的阻抗和防御，避免与来访者争论，牢记"在解释内容前先解释阻抗"或"由表及里地解释阻抗"。这就是说心理咨询师首先要指出来访者的阻抗，让来访者意识到自己发生了阻抗，然后心理咨询师会探索来访者的防御是什么以及为什么要阻抗。

**专栏 1：两种类型的反移情**

反移情（Counter transference）是心理咨询师把对生活中某个重要人物的情感、态度和属性转移到了来访者身上。心理咨询师在成长过程中因某种个人体验而存在着潜在心理问题，在遇到有相近情境的病人时，因处理不适所引发的对来访者的一种情感体验，就是反移情。反移情对咨询产生积极还是消极影响，主要取决于心理咨询师能否对自己的反移情保持妥当的处理。

阿根廷的精神分析学家 Racker 于 1968 年在其著作 *Transference and Counter transference* 中提出，有两种类型的反移情——一致性反移情（Concordant counter transference）和互补性反移情（Complementary Counter transference）。一致性反移情是对患者情感状态的认同，互补性反移情是对患者过去客体（通常是父母）情感状态的认同。例如，当有敌意的患者贬低、攻击心理咨询师时，心理咨询师心中唤起的被伤害和被贬低的感觉是一种一致性反移情，心理咨询师从而体验到对患者的共情；如果心理咨询师抵制被伤害和被贬低的一致性认同，在自我防御中采取批评和敌意进行还击，那么他表达的就是互补性反移情，即采取了患者过去主要客体的情感状态。这样，心理咨询师承担了批评性母亲的角色。对待反移情，心理咨询师要对自己在心理发展和生活中遇到的问题保持清醒，不要认为患者的感受是针对自己的，不要将反移情"见诸行动"，而是要利用反移情作为理解患者的线索，当体验到互补性反移情时，要寻找一致性反移情。

对于反移情的处理应该包括对反移情的觉察和对反移情的具体处理。反移情尚未发生时，心理咨询师应避免因自身未解决的冲突而阻碍心理咨询，同时心理咨询师应与来访者保持"中立"与"职业性"的咨询关系。如果已经发生了反移情，心理咨询师应该对激起的情感持开放态度，因为反移情是理解来访者最好的钥匙。若是因为心理咨询师与来访者的价值观念、信仰和重要咨询观点等方面存在严重分歧而引起的反移情，心理咨询师应尊重、理解来访者的价值观，不要把自己的价值观强加在来访者身上，且咨询应寻求督导。督导之后，如果冲突与问题仍然存在，并且这种反应已经影响了继续咨询，则可以考虑转介。如果经过督导帮助后，心理咨询师觉得必须对自身的问题进行探索时，还可以进行个人体验，即个人心理治疗。

资料来源：

http://www.psychspace.com/home/space.php?uid=8145&do=blog&id=305.

# 案例2　妈妈，请不要再事事都管着我
## ——一则失恋女性的心理咨询案例

## 一、个案介绍

**基本信息：**郝眉，女，未婚，26岁，大学毕业，办公室文员。来访者和妈妈两人同住，妈妈50多岁，内退多年；父亲是退休工人，与母亲十几年前离婚，平时来往极少。

**对来访者的初始印象：**身高1.65米左右，圆脸，短发，身材苗条，身着米色套装，干净整洁，显得很干练，说话时笑眯眯，语调轻柔，第一印象让人感觉很舒服。

**求助的主要问题：**和前男友分手后纠结于"是努力争取还是放下"，以至于影响生活，失眠、情绪低落一个月。希望通过咨询能走出失恋阴影，学习如何处理好亲密关系。

**来访者自诉：**"在工作后的4年里，通过朋友介绍或相亲先后认识了3个男孩，都是在相处一年左右准备谈婚论嫁时分手的。第一个男孩，妈妈认为他性格不好、脾气倔，怕我受委屈；第二个男孩，妈妈说他家里条件不好，家庭关系复杂，怕我嫁过去以后有麻烦。开始我还没发现妈妈说的问题，慢慢觉得妈妈说得有道理，最后是我主动提出分手的。第三段感情对我来说是最刻骨铭心的一段，我们相处了一年多，是男方提出分手的。与前男友L（第三任男友）是通过相亲认识的，第一次见面时，妈妈也去了，妈妈觉得他长得好，脾气好，对长辈有礼貌，家庭条件和工作都不错。我是大学毕业，他是大专生，所以除了学历没我高外，我对他其他各方面都挺满意的，我们的感情也很好，相处了半年后我们开始谈婚论嫁了。这时候，我发现他喜欢安逸的生活，对未来没有规划，不求上进，我希望他能有所进步，就经常督促他要上进。我希望他能参加专升本考试，提升一下学历。有一次，我们几个同事一起团购了一个英语班，我想着，男友的英语不怎么好，我和他一起学习英语也蛮好的，就交钱报了名，谁知道我兴冲冲告诉他这件事时，他很不高兴。

"我妈妈对我的前男友L也很好，经常让我带他到家里吃饭。妈妈知道我想让L参加成人高考，有一次她去书店，特意买了好几本成人高考的书回来送给L，谁知他当时就变脸了，不高兴，借口说有事情要走，不在我家吃饭了，弄得我妈妈很难堪。L走了没多久就发短信给我说，既然你们都嫌弃我学历低，那我们就分手吧。我好委屈，妈妈也觉得好心被辜负。我想挽回这段感情，可妈妈不同意，说女孩要矜持，好马不吃回头草什么的。可是，我十分喜欢他，一直对他念念不忘，经常回忆起我们在一起的快乐时光。"

**成长史和重要事件：**"我父亲是个退休工人，年轻时脾气很坏，经常在家发脾气，家务事一概不管。妈妈年轻时很能干，白天在工厂上班，工作非常辛苦，回家既要照顾我的生活和学习，还要给小店织毛衣赚钱。我10岁的时候父母离婚，母亲一个人把我拉扯大。父亲离婚后再婚，两年前又离婚了，近来和妈妈走动频繁，想要和妈妈复婚，妈妈犹豫，我坚决不同意。

"妈妈还告诉我，她小时候兄弟姐妹多，根本没人管。我的外婆对我妈妈特别严格，她做错一点事情便会挨骂。现在自己有了孩子，还是觉得外婆当年对她严格是对的，打是亲骂是爱。

"我从小就是亲朋好友眼中的乖乖女，特别听话，小时候学习成绩很好，妈妈很要强，对我要求很严格，可以说是非常挑剔，一直教导我要争气，做什么都不能落在别人后面。我如愿以偿地上了大学，升学宴妈妈不允许我通知爸爸。我现在的工作也是妈妈托人帮我找的，其实我不喜欢，想辞职换工作，可是妈妈坚决反对。

"爸妈离婚后，妈妈的情绪开始变得极端，一不如意就在家对我吼叫。我进入青春期后有点叛逆，会与妈妈有些争执，妈妈与我发生争执后会无休止吵闹，甚至在家摔锅碗瓢盆，要不就是哭天喊地，说我像爸爸一样没良心，我很是苦恼。妈妈对我的情感控制，我不知如何面对，我只好什么都听她的。就这样，我与妈妈相依为命，感情非常亲密、无话不谈，买衣服要妈妈陪同，我自己喜欢的衣服，如果妈妈说不好看，我也不会买。"

**以往咨询经历：**来访者在大学时学过心理学，失恋后开始关注心理学微信公众号，在某心理网站上咨询过一次，现希望面对面咨询。有一次，在医院的口腔科看牙，看到隔壁是心理咨询门诊，故前来咨询。

## 二、咨询过程和结果

### （一）咨询设置

咨询每周1次，50分钟/次，咨询前签订协议，告知保密原则、来访者及心理咨询师的权利和义务、请假、迟到等相关设置，取消或者更改时间需提前24小时通知。

### （二）咨询目标

来访者的咨询目标是摆脱纠结——是挽回还是忘记对方，让自己心情好起来。学习如何处理好亲密关系。一共进行了20次咨询。

### （三）咨询方法及过程

初始访谈阶段，收集来访者的资料，进行评估，建立咨询联盟，商定咨询目标。让来访者宣泄不良情绪，了解来访者与男友分手后的感受和想法、现阶段的工作和生活情况等。

咨询中期，进一步收集资料。进一步讨论来访者个人成长史及家庭情况，对其早年没有得到家庭温暖给予充分同情。帮助其看到爸爸离开家庭对妈妈的影响，理解妈妈的感受。探索其亲密关系的模式——控制与反控制。在与妈妈的亲密关系中，无意识让妈妈入侵自己的边界。探讨其在与前男友的关系中是否重复了妈妈与自己的关系模式。帮助来访者意识到自己已经是成年人，有权利也有能力处理好亲密关系。恋爱、结婚是自己的事情，可以听取妈妈的建议，但最后的决定由自己做主。让来访者看清自己亲密关系的模式后，从小事开始摆脱妈妈的情感控制，逐步做到为自己的人生负责。

咨询后期，主要是评估咨询结果，处理分离焦虑，预防复发。讨论是否继续咨询。反馈总结。

### （四）咨询效果

咨询反馈：来访者认为咨询有效果，自主感增强，对妈妈不再盲从。自己认为正确的事情，即使妈妈不同意，也能做到温柔地坚持，发现妈妈也不是那么不讲道理，母女关系改善。鼓励妈妈出去跳舞、找朋友聊天，妈妈心情也变好了，爸妈是否复婚，让他们自己做决定。来访者放不下前男友，决定去挽回，即使他拒绝，也没什么大不了。来访者对以后交男朋友更有信心了，不会去控制对方。最近的睡眠也有所改善，感觉人也轻松许多。

咨询过程总体顺利，来访者心理领悟能力强，比较适合短程的动力学疗法。来访者的咨询目标基本达成。

## 三、讨论和反思

### （一）来访者的主要问题

来访者和前男友分手的导火索是妈妈给准女婿买书，其实根本原因是妈妈对女儿及男友关系的入侵，家庭的界限感不清，而且女儿也默许了妈妈的情感入侵。

来访者的问题是在现实层面上其与前男友的亲密关系有了问题，但实际上是来访者无意识地认同了其与母亲之间控制与反控制的亲子关系模式。

根据精神分析家鲍尔比和安斯沃思的依恋理论，有学者将亲子关系模式分为四种：你好，我不好的抑郁型；我好，你不好的排斥型；你不好，我也不好的不安全型；你好，我也好的安全型。案例中母女间就是"我好，你不好的排斥型"的亲密关系模式，妈妈不断挑剔女儿（来访者），来访者不断挑剔前男友，是一种无意识地对妈妈的认同，是亲密关系中的"强迫性重复"。

综上所述，来访者的主要问题是亲密关系问题，是其早年的亲密关系对当前现实人际关系的呈现。

### （二）导致来访者问题的主要影响因素

来访者从小目睹了父母之间糟糕的夫妻关系，对亲密关系存在恐惧，潜意识中也认为自己是不可能获得爱的；与妈妈相依为命，看到妈妈不幸福，潜意识中也不能让自己幸福，如果自己幸福就是背叛了妈妈，所以一再容忍妈妈的情感控制，甚至跟男友主动提出分手；在与男友的相处中，重复了妈妈对自己的方式——控制，未经男友的同意给男友报名上英语补习班，以"我为你好"来实现对男友的情感控制。心理咨询师曾经面质来访者：你说和妈妈相处时觉得有被控制感，但男友和你在一起的时候，你总是要他上进，是否男友也有你同样的感受，所以要逃离？如果不能意识到这种模式并且打破这种"强迫性重复"，来访者即使走入婚姻，也有可能重复父母的婚姻命运。

妈妈为什么一再干涉和控制女儿，难道她不想女儿幸福？在意识层面上，她比任何人都希望女儿幸福，但是，人的潜意识真的非常奇妙。婚姻的不幸，妈妈体验到被抛弃，让她与女儿连成了一体，情感上无比依赖女儿，在与女儿的互动中获得控制感的满足，女儿与其他人建立亲密关系时，意味着她第二次被抛弃。

案例中的来访者和母亲的状态可以用"共生"一词来描述。这种吞噬般的母爱是一种病态的共生关系。什么是共生？详见专栏1。

---

**专栏1：心理学中的共生现象**

共生现象在生物界普遍存在，是生物学上的概念，是指两个生命或生物体紧密联系，相互依存，共同起作用，并相互优化对方，朝向共同利益方向发展。以玛格丽特·马勒教授为首的一些心理学学者将"共生现象"移入有关人的个性化、人格发展的研究中，而研究的重点是母亲与婴幼儿的关系及其影响。即母亲与婴幼儿的共生关系，对一个孩子的人格（即通俗所说的性格加品德）发展、心理状态、情绪状态和行为模式起着至关重要的甚至决定性的影响。母亲对孩子的关注，孩子对母亲的信赖，从共生关系理论来看，是一个人一生中一切人际关系发展的基础。共生关系，通俗点说是两个人就像一个人似的不分你我、没有彼此分离的心理边界，或如同两个同心圆，其中一个圆完全被另一个圆包含其中了。玛格丽特·马勒将6个月前的婴儿期称之为正常共生期，超过这个阶段的共生关系，都是不健康的。

处于共生期的婴儿完全地依赖妈妈，这时候的婴儿因为各方面能力都未发展起来，所以婴儿需要其父母或是"重要他人"——抚养人，给予无条件的接纳，如果婴儿从父母那儿得不到需求的满足，婴儿长大成人之后，会尽其一生不断地寻觅可以作为其重要他人的人。

婴儿在6个月前甚至1岁之前，共生非常重要，如果没有它，婴儿可能会难以生存，或者生活得非常糟糕。正是因为在这个阶段与婴儿的"共生关系"，母婴之间仿佛合二为一，母亲才能那样敏锐地体察到没有语言功能的婴儿的需要和情绪，并给予婴儿最微不至的照料。

但婴儿过了1岁之后，就需要发展自主、独立的心理功能，就要进入"分离—个体化"的阶段。称职的母亲会尊重孩子自主选择的需要，放弃继续和孩子"共生"的愿望，通过这个过程，孩子获得了心理的独立性，逐渐能够自由表达自我的意志，最终成长为一个人格相对健康的人。

在不健康的"共生关系"里,母亲常常努力维持孩子没有长大的幻觉,通过各种方式压抑孩子的独立自主权,将个人意志凌驾于孩子之上,慢慢地,孩子不会反抗,完全丧失了自主性和独立性。母亲潜意识中希望孩子永久保持婴儿的状态,这样,母亲就可以永远地和孩子紧密地在一起了。

与孩子"共生"的母亲,不少是在事业和生活中失意的母亲。最常见的是婚姻上的不幸,难以从伴侣身上获得亲密感,使她们将所有的关注点都投注在孩子身上,给予孩子过高的期望,而孩子却不堪重负。

资料来源:

乐读网:http://i.she.vc/yuedu/69359.html.

此案例中来访者的妈妈,离异多年,含辛茹苦抚养她长大,供其读大学,为了她也多年未再嫁。在亲朋好友眼里,她是一个伟大的妈妈,"我为了你,牺牲了一切",母亲可能也会认为自己给了孩子无微不至的爱,所以孩子应该无条件回报母亲,应该孝顺、听话。妈妈被丈夫抛弃后,将出人头地的愿望寄托在女儿身上,女儿的学业、工作、婚姻都要插手。

一个健康的母亲,在一个家庭里绝不仅仅是孩子的母亲,她还是丈夫的妻子以及一个有独立工作和生活的人。这意味着,在一个健康的家庭中,每个成员都应是独立的个体,爱着彼此的同时尊重彼此。

### (三) 如何处理来访者的问题

认识到来访者亲密关系的模式,来访者如何陷入强迫性重复,家庭关系中的边界不清是第一个需要解决的问题。

接下来是帮助来访者在心理上从10岁的小女孩成长为一个有独立自主意识的成年人,温柔而坚定地从小事开始,自己做决定,摆脱妈妈的情感控制,逐步打破强迫性重复,与家人保持合理的界限,做到为自己的人生负责。

强迫性重复是心理学中的一个术语,是指人倾向于不由自主地重复一些早年的创伤性体验。很多童年的"经验",会在我们日后的人生中反复重演。人的潜意识里终其一生在做的只有两件事:重复童年时的快乐,修正童年时的阴影。在人际关系中,强迫性重复可以理解为对一个人小时候形成的关系模式的不断复制。如,小时候的关系模式是信任,那么一个人就会不断复制信任,按照曾奇峰的观点,那些容易获取别人信任的人,是他教会了让那些难相处的人信任他;相反,如果小时候的关系模式是敌意，那么一个人就会不断复制敌意，他不仅对那些与他有冲突的人充满敌意，对那些本来对他很好的人也充满敌意，最后这些人也就从对他友善转向了敌意。也可以说，是他教会了让那些本来对他友善的人转而提防他。

在爱情方面强迫性重复，是许多心理辅导者从事临床咨询时常见的一个现象。婚姻问题专家黄维仁认为，我们在不知不觉中特别容易与某一类型的人产生深刻而强烈的互动。换句话说，我们会特别被他们吸引，不由自主地与他们发生或爱或恨的关系，很可能是因为这些人身上具有我们成长中重要人物（例如父母）的心理特征。这些人在我们生命中出现时就给了我们第二次机会，让我们借着与他们或快乐或痛苦的深度情绪互动，去医治过去所受的心理创伤，弥补过去的遗憾，满足小时候对自己特别重要却在父母身上未能得偿的一些心理需求。

著名心理学家曾奇峰认为，打破坏的强迫性重复的方法，就是要更多地了解自己，了解自己的情感、思维和行为模式，把可能导致重复的环节切断，并且勇敢地尝试各种新的、好的体验，以建立良性的强迫性重复机制。

### （四）反思

在涉及婚姻家庭关系的心理咨询中，帮助家庭成员坚守家庭的界限尤为重要。

什么是家庭的界限？结构性家庭治疗学派创始人萨尔瓦多·米纽庆尤其强调家庭成员间界限的重要性。所谓界限，是指在不同的家庭成员或家庭子系统之间所标志的影响力、信息和决定力的界限。如果界限感仅限于物理上家庭空间的话，随着社会的发展和对个人隐私的日益尊重，人们的界限感已经大大增强。但是对于心理层面上的空间，人们的界限感依然是非常模糊的，而正是这种模糊的界限感引发了人际关系中太多的痛苦和冲突。

合理的界限是家庭成员能有良好互动模式的基本保证。这里往往会存在一些误区，有人就会想，要与家人保持合理的界限是否意味着：成年后就要与我的原生家庭分道扬镳？其实不然，合理的家庭界限最根本的是家庭成员之间相互尊重，包容彼此相互在各自事务上独立的看法、立场、选择，而不过分干涉其他家庭成员的权利和职责，同时也不会接受他人的过分干涉。

那么如何保持合理的界限呢？有以下几点建议：

**1. 从小事和容易做的事情入手**

如果你想辞职，你的父母可能会不同意，如果你想买一件自己喜欢的衣服，你妈妈会说不好看，那么你可以坚持买下来，告诉她：我喜欢的我就买。

**2. 行为的重复和坚持**

合理的家庭界限的建立，需要行为具有一定的稳定性，需要当事人重复和坚持，这个过程建立在你对合理界限温柔地坚持、坚定地执行上。

有的人对家庭界限的维护比较情绪化。今天遇到某件事儿觉得父母在控制自己，就严词拒绝他们的意见。过几天又内疚、自责，觉得不应该这样对父母，又按父母说的去做。关系时而纠缠、时而隔阂，两个极端都无法真正建立清晰的家庭界限。

**3. 保持人格的独立**

要想维护好亲密关系与原生家庭间的界限，还需要我们有相应的成熟度和独立性。如果在经济上、生活上还需要父母来操心和照顾，只希望他们在自己的亲密关系上把自己当作一个成熟、独立的个体来对待，就不太现实。

# 案例3 他对我不好，为什么我却忘不了他
## ——一则有情感困扰的女性的心理咨询案例

## 一、个案介绍

**基本信息：**何想，女，23岁，公司职员。

**对来访者的初始印象：**身高1.70米左右，身材高挑，披肩长发，穿着较性感，眼神略显忧郁。

**求助的主要问题：**和男友分手后一个月，想要找男友和好，对方似乎

没有回头之意，现在很痛苦，放不下这一段感情。觉得自己在情感上依赖有亲密关系的人，恋爱中喜欢"作"，希望通过心理咨询能找到安全感，学会正确处理亲密关系。

**来访者自诉：**"我大学是在外地一所二本院校上的，毕业后在一家公司做文员，工作枯燥单调。经朋友介绍，认识了前男友，他是我的初恋，他在一家国企任职，是一名工程师。前男友以前谈过两次恋爱。我做事没什么主见，情绪变化快，所以我比较欣赏前男友的独立性和稳定情绪，这些都是我欠缺的。我希望两个人经常交流，可他认为我们不需要整天黏在一起，为此我们经常争吵。和他在一起，他说我喜欢'作'，可我不觉得，我总觉得我不开心，他应该看得到，应该来哄我。我说不要他送，他就真的不送我，我很生气。有一次，我们约好一起吃饭，我都到餐馆了，他打电话说他的朋友来了，临时爽约，让我一个人先回家，摆明就是不重视我嘛！我和他在电话里吵了起来，他说我小气、不懂事，第二天晚上他来找我道歉，打车接我去茶馆喝茶，在出租车上我俩不知道为哪句话争执起来，我气得让司机停车，下车后就往家走，我以为他会下车追我，可是他竟然没下车，直接走了。那是晚上十点多钟，他竟然狠心让我一个女孩子在大街上走！"

**成长史和重要事件：**"我是独生女，从小与父母一起生活。爸爸以前是工厂工会干部，妈妈是幼儿园老师。爸爸脾气大，喜欢赌博，对我不管不问，妈妈性格急躁，对我很严厉，我考得不好就会骂我甚至打我。我妈妈和爷爷、奶奶的关系不好，妈妈说奶奶重男轻女，喜欢大伯家的儿子（我的堂哥，比我大两岁），对大伯家好，对我们家不好。我和外公、外婆比较亲近，外婆有三个孩子，我妈妈是老二，妈妈有一个哥哥还有一个妹妹。妈妈在外公、外婆家也不被家人喜欢，但是我妈妈对外公、外婆特别好。我小时候，父母关系不好、相处冷漠，我还看到过爸爸妈妈吵架，爸爸打妈妈，那时候我很恨爸爸，想劝爸爸、妈妈离婚，妈妈说因为我不能离婚，希望自己未来的婚姻生活不要像他们那样。

"现在爸爸、妈妈都已经退休，爸爸脾气比以前好很多，我以前恨爸爸，现在和他交流也很少。和妈妈的关系是'相爱相杀'，她经常指责我，不认可我，还偷看我的日记，我发现后就和她冷战。

"妈妈一贯喜欢控制别人，也许是她和爸爸关系不好的原因。直到现在还企图控制我的生活，我说她喜欢控制别人，她还不承认。从小到大，她教给我很多规则，比如说别人找你帮忙就一定要答应人家，答应的事情就一定要做好等，但我后来发现别人根本不是那样做的。

"小时候我很孤独，没什么朋友，妈妈总是拿我和别人比，和堂哥比，和班上成绩好的同学比，弄得我一直很在乎别人对我的评价。我小学学习成绩很好，全校数一数二，堂哥和我在一个学校，学习成绩差，妈妈引以为傲，觉得我替她出气了。到了初中，我有时候贪玩，成绩会下降，有一次期末考试数学考了70分，被妈妈罚跪搓衣板一小时。半小时后妈妈让我起来，我很倔，就是不起来，直到一小时才起来。

"高中时，我的班主任是我妈妈的初中同学，对我格外'关照'，心想着在高中要好好学习，不能让老师给妈妈打小报告。高中三年，我谨小慎微，过得很累。"

**以往咨询经历**：来访者曾经在某培训机构听过心理咨询师上课，下课后询问是否可以找心理咨询师咨询，心理咨询师建议来访者去机构预约。咨询机构接待来访者后，助理联系心理咨询师为其咨询。

## 二、咨询过程和结果

### （一）咨询设置

在讨论咨询设置时，心理咨询师首先告诉来访者这个咨询是一个长期的过程，很有可能难以在短期内看到明显效果。心理咨询每周1次，50分钟/次，收费200元/次。咨询前签订协议，告知保密原则、来访者及心理咨询师的权利和义务、请假、迟到等相关设置，取消或者更改时间需提前24小时通知。

### （二）咨询目标

来访者的咨询目标是希望能忘记这一段感情，找到安全感，将来能处理好自己的亲密关系。

### （三）咨询方法及过程

心理咨询师主要采用心理动力学的方法，从客体关系的视角去解读来访者问题的形成原因及过程。通过建立咨询联盟达成来访者咨询的目的，通过心理咨询师的反移情判断来访者的投射性认同是否产生，识别投射性认同的类型，面质来访者的投射性认同。继而帮助来访者认识到自己处理亲密关系的不良模式，探讨早期客体关系是如何导致该模式形成的。通过"解释"帮助来访者将一种体验——自己的感受，转变成另一种体验——与他人的互动，使其能够将"好的"和"坏的"体验进行整合，最终使来访者从病态的客体关系中解脱出来。心理咨询师被作为一个重要的"好客体"整合进来访者的自体中，使来访者的自体变得更加坚固、强大，逐渐不再依靠心理咨询师的存在也感到安全。在坚持心理动力学方法的基础上，根据来访者呈现的问题，适时采用认知行为疗法，对来访者错误的想法和信念进行工作。在本文截稿前，来访者一共进行了35次咨询，后面的咨询还将继续。

咨询初期，主要是收集来访者的资料，建立咨询关系。倾听，共情，来访者宣泄失恋后的不良情绪，理解来访者在与重要他人相处时的感受、现阶段的工作、生活情况等，商定咨询目标和咨询方案。咨询中期，进一步了解来访者的个人成长史及家庭情况，以探索其亲密关系的模式，主要采用的是客体关系心理治疗方法，处理来访者依赖和顺从的投射性认同。咨询后期，帮助来访者将其"好客体"和"坏客体"进行整合，以"真自体"对抗假自体，使来访者的自体变得更加坚固、强大。

在本案例中，心理咨询师主要采用的是客体关系心理治疗方法。什么是客体关系心理治疗？客体关系心理治疗是如何进行治疗的？详见专栏1。

---

**专栏1：客体关系心理治疗的治疗过程**

客体关系理论认为，正常的人格发展是在与客体的关系中发展起来的，婴儿与重要他人的关系形态会影响其日后的人际关系。如果来访者在早年与父母之间没有建立良好的联结，在其成年后与他人建立亲密关系也容易出现问题。因此，客体关系心理治疗师总是从关系的层面来理解来访者的精神病理现象并进行治疗。治疗过程分为四个阶段。

**第一阶段：允诺参与**

心理治疗师与来访者的关系被看作是一种独特的治疗关系，心理治疗师创造出一种可能会引发投射性认同的人际环境，也制造了"此时此刻"处理投射性认同的机会。当来访者在此关系中感受到焦虑等不适时，心理治疗师通过将彼此疏远的职业化关系变成含有关心、承诺和参与等成分的关系，确保来访者继续接受治疗。随着治疗的进行，来访者或许无法继续忍受治疗中遇到的压力，甚至会过早结束治疗。心理治疗师不要在来访者尚未做好准备之前便给其提建议或做解释，可以通过共情技术使来访者积极参与到治疗中来。如果治疗的允诺参与阶段成功的话，来访者会以一种全新的方式来看待治疗，心理治疗联盟已经建立，治疗师被纳入来访者的内在客体世界。

**第二阶段：处理投射性认同**

心理治疗师通过反移情理解来访者。客体关系治疗师在建立足够情感联结的基础上，通过对自己的情绪反应的审视，洞察来访者人际交往问题的关系模型，在治疗关系中分析讨论来访者的病态防御模型，以促使来访者对关系进行反思，并依靠这一反移情促进治疗的发展。

投射性认同的发生过程：来访者将自己的一部分（坏的或者理想的部分）投射到另外一个人的身上，并设法从内部控制那个人；然后，当事人竭力让接受者（投射性幻想的对象）采取与他所幻想相一致的行为；再然后，接受者对投射者的"竭力"诱导行为采取相应反应，这时，接受者如果与当事人所幻想的行为一致，从而陷入当事者的圈套，如果接受者没有"中计"，即不采取与来访者所幻想的相一致的行为，这时投射认同失败。

临床中常见的有依赖型投射性认同、权力型投射性认同、迎合型投射性认同、情欲型投射性认同。

如何处理投射性认同？第一步：与来访者建立良好的治疗关系，形成治疗同盟。第二步：澄清和揭示投射认同。心理治疗师需要将与投射认同相关的隐匿信息传递转变为公开明晰的表达。第三步：分析阶段，面质与解释。所有的解释应该围绕一个现实目标——来访者要从原有的投射性病态关系中走出来，开始认识到自己完全不用依赖他人也能得到关爱和接纳，意识到自己完全不必迎合他人的需要也可以获得尊重和爱。同时，心理治疗师需要对来访者投射过来的几种投射性认同做出拒绝的回应。第四步：整合阶段，心理治疗师同样会给来访者许多反馈感受，帮助来访者看到，在现实生活中，他人是如何感受与他（她）交往的，使来访者不仅自知，也能知人，不仅能看到别人的缺点，而且能看到别人的优点，事情不是非黑即白，而是全面去看待一个人。

例如，在依赖的投射性认同中，来访者多次向心理治疗师传递出"你是我现在唯一可信任的人，如果你不给我意见，我就不知道该怎么做"，并多次违反治疗设置，给心理治疗师打电话，提前来咨询室，要求增加咨询频率等。心理治疗师最初接受来访者投射过来的"无所不能者"，会认同"来访者是弱小的"，会不由自主地在治疗中给予建议，违反设置，来访者会变本加厉地依赖，慢慢地，心理治疗师会感受到被依赖的烦恼，想要摆脱。这就是投射性认同的过程。

**第三阶段：面质阶段，即如何处理投射性认同**

一旦来访者投射性认同的元信息出现，心理治疗师就可以对其投射性认同进行面质。心理治疗师拒绝来访者的投射性认同，探讨来访者对被拒绝的反应。帮助来访者意识到，他（她）与心理治疗师之前的不良关系模式不再可行，代之的是一种全新的建设性的关系模式。

这一阶段，心理治疗师需要明确地告诉来访者"我感到了被你依赖的压力""你过去缺乏无条件关爱你的重要他人，我感觉到你是想把我当成这样一个人"等这样公开明晰的表达。这是对投射性认同澄清和揭示的过程。向来访者明确表达心理治疗师的态度和立场，我不是那个"重要他人"，引发来访者思考，并且不去破坏设置，不给来访者建议。心理治疗师所拒绝的是被投射，而不是来访者本人，而且是"不含敌意的坚决"，一般不会对咨询关系造成破坏。心理治疗师明确告诉来访者，治疗将继续进行下去。

**第四阶段：结束阶段**

心理治疗师在此阶段要让来访者审视其投射性认同是如何影响他人的，此外还涉及结束与分离的议题。

在此阶段，心理治疗师会更为积极主动，提供反馈和解释，使得来访者从病态的客体关系中解放出来，能将其内在客体体验为可能犯错的客体，并能宽恕其缺点。最后，心理治疗师作为一个重要的"好客体"，被整合进来访者的自体中，来访者逐渐不再依靠心理治疗师的存在也感到安全。

资料来源：

525 心理网：https://www.psy525.cn/special/9-13459.html.

### （四）咨询效果

这是一个中长程的动力学咨询，经过35次咨询，来访者对自己问题的原因有了较清晰的认识，能认识到自己亲密关系的模式。但是修通是一个漫长的过程，虽然来访者现在知道了问题在哪里，理解了自己的防御机制，但是还时常抱有幻想，在行动方面需要心理咨询师的不断肯定，这也是后面咨询需要解决的问题，为什么需要他人的"看见"才能确认自身的价值所在。目前，咨询双方对咨询效果满意，咨询已经改为两周1次。

## 三、讨论和反思

### （一）来访者的主要问题

来访者表面的问题是由失恋引发的情绪和行为问题，从客体关系视角考虑，实际上是来访者在其心理发展过程中母婴关系出了问题。来访者的重要客体——她的妈妈，是"不够好的母亲"，不能提供给来访者作为婴儿时成长所需的必要的环境，不能提供给婴儿全能感，使得婴儿在这样的环境中被迫顺从，并发展出虚假自体以适应环境，向外表现为顺从、迎合、在意他人评价等，以致在亲密关系中不断去验证自己是否是独特的和被关注的。

## （二）导致来访者问题的主要影响因素

从客体关系视角来看，导致来访者出现心理问题与其母婴关系有关。来访者的重要他人——妈妈，由于一些特殊原因不能提供给婴儿成长所需的必要的环境，而是呈现给婴儿一个她必须妥协的世界，使其过早地被迫关注、处理外部世界的要求，从而在内心产生了冲突，限制和阻碍了其心理的发展，向外表现为顺从和迎合。

因此，来访者自小形成的顺从模式使其一开始无法用语言拒绝别人的要求，但不满不断积累，慢慢激烈，直至爆发，导致与他人关系的破裂。

---

### 专栏2:"足够好的母亲"与"不够好的母亲"

客体关系心理学家温尼科特有一句名言:世界上没有婴儿这回事,当你发现了一个婴儿时,你也就发现了一个母亲。他认为,早期的母婴关系极大地影响婴儿人格的发展。母亲为婴儿提供抱持性的环境,她所有的存在都是为了适应婴儿的愿望和需要。在这种母亲对婴儿需要"高度敏感"的状态(原初母爱灌注)下,婴儿就会产生一种错觉,那就是外部世界是由婴儿自己所创造的,在这种错觉下,婴儿会有一种全能感。如当婴儿饿了的时候,一个乳房恰好出现在他的面前,让他可以立即满足自己的需要,于是在婴儿的内心中会出现这样一种错觉,这个乳房是他自己创造出来的,他可以任意地控制这个乳房的出现和消失,通过乳房来满足自己的需求。同样的,他也会用这样的方式来感受其他的外部世界,会带着全能感和外部的世界接触。在这种母亲为婴儿提供满足的促进性的成长环境中,婴儿的本性开始自我显现、发展,婴儿体验到自发性动作。

在母婴关系的早期发展阶段,足够好的母亲为婴儿提供其所需要的一切和抱持性的环境,并反复地这样做。母亲通过执行并完成婴儿的全能表达赋予婴儿虚弱的自我力量,让婴儿的真实自体开始拥有生命。当婴儿的需要被积极满足时,婴儿发展出真实自体,他将拥有高度的自发性、创造性,积极地去创造和构建生命。

相反,不够好的母亲不能提供给婴儿成长所需的必要环境、不能提供给婴儿全能感,而且她反复地错过迎合婴儿的需要,甚至她以自己的需要要求婴儿顺从,这是一种没有空间感的充满控制的环境,婴儿在这样的环境中被迫顺从,并发展出虚假自体以适应环境,向外表现为顺从。而顺从导致婴儿与自己自发的赋予生命意义的核心保持一种隔离状态,如果这种顺从固化到成年,则人的自发性将越来越弱,越来越倾向于向外寻找认同。

资料来源:郗浩丽.客体关系理论的转向:温尼科特研究[M].福州:福建教育出版社,2008:51-53.

---

### （三）如何处理来访者的问题

1. 概念化案例

帮助来访者认识其亲密关系的不良模式、全能幻想和防御机制。

（1）来访者的亲密关系模式之一是"受害者模式"（来访者自己命名的），在亲密关系中一贯扮演受害者的角色，采取被动攻击的方式。

如：男友对我说话的态度不好——说明我是不被他喜欢的（验证了我是不配被人喜欢的）——男友不应该这样对我，我是受害者——我感到委屈——我躲起来不见他，不接电话（被动攻击）——激发对方的内疚感（女友好可怜，我不应该伤害她）和无能感（无论怎么做都不能让你开心）——感到受控制——逃离。

（2）亲密关系模式之二是迎合性模式：生气，不理对方，不接受对方当时的示好——压抑——等对方道歉——没等到，忍不住——主动找对方。

无意识中来访者用妈妈控制她的模式与男友相处：时刻想知道男友在干什么，经常"查岗"。男友反对，来访者就生气、哭泣、不理男友。

（3）来访者的全能幻想"为什么我想要你的时候，你不在我的身边""我不说，他应该知道我心里在想什么"。

（4）防御机制：

否认——"我不像妈妈那样对别人实施情感控制"。

认同——"对男友的被动攻击就像妈妈对我一样，向别人提要求是不好的"。

反向形成——"行为方面刻意不像妈妈那么'现实'，所以不在乎男友的经济条件"。

幻想——"有一个人能拯救我，提高我的自尊"。

2. 通过反移情来理解来访者

在本案例中，来访者明明希望别人重视她，想直接提出要求，又害怕被拒绝，希望对方主动看见并以她想要的方式满足她，未果，生气，推开对方，后悔。在咨询关系中，心理咨询师也会感觉到这类的反移情，通过这一觉察，心理咨询师可以理解来访者的关系模型。

举例：来访者表示咨询时间安排在下午5点，太迟了，不方便，心理咨询师帮她调整到下午两点，进行了两次咨询后，她又要求改在晚上，心理咨询师很生气，觉得来访者不通情达理、折腾人，但又不好直说，生闷气。在下一次咨询中，心理咨询师表达了自己的感受。

心理咨询师：当你第三次要求换时间时，我有点生气，觉得你不体谅我。能说说你是怎么想的吗？

来访者：这没什么啊，是我那几次的时间都不对啊。

心理咨询师：我有点困惑，你为什么在短时间内要频繁改咨询时间，我一直想要问问你，但担心会伤害你，所以直到现在才问。

来访者：你会这么在乎我的感受啊？

心理咨询师：当然啦，你是我的来访者，我一直都在乎你的感受，所以我要真诚地对待你，明确告诉你我的感受。现在，你觉得受到伤害了吗？

来访者：当然不会，我反而觉得你对我不像别人对我那么虚伪。

心理咨询师：在你以往的生活中，你感受到他人是虚伪的吗？能不能举一些例子？

来访者：嗯，很多很多。他们明明生气却说不生气，明明不喜欢我打扰他们，却说欢迎我去玩。所以，后来我也不会说出自己的真实想法。

心理咨询师：那一定很难受。

来访者：谁说不是呢，特别是我以前好傻，经常直接告诉别人，我想要他们陪我，他们很委婉地拒绝我以后，我就觉得他们不在乎我，我特别难过，感到羞耻。慢慢地，我就不会告诉他们，而是表现的不在乎，这样我就不会难过了。

心理咨询师：所以，你也不是一开始就是这样的。

来访者：对的。但是今天你给了我不一样的体验，其实告诉别人真实的想法不一定会被拒绝、被嘲笑或者伤害到别人。

心理咨询师：是的。你能说说你打算和我改时间的时候，你的想法是什么？感受是什么吗？

来访者：你第1次咨询把我安排在下午5点，第2次咨询时我了解到你前面已经接待了两个来访者，那么你再给我咨询时肯定精力不够，所以我觉得"是我不够主要，你不重视我才把我放在最后一个的"。

心理咨询师：哦，那么调到下午两点后，是什么原因又要改时间了呢？

来访者：我发现你咨询时打了一次哈欠，夏天人容易犯困，下午两点人刚刚午睡起来，还不清醒，不是好时段。当然，可能还是你不重视我才这样的。

心理咨询师：那后来调到晚上是不是还会让你觉得不被重视呢？

来访者：以前会觉得，但现在不会这么想了。

心理咨询师：是什么让你发生了变化？

来访者：我觉得是因为我心里有这样的预设"你是不会喜欢我的，你又要顾及面子，不直接说出来，所以给我安排不恰当的时间，让我自己感觉不舒服，以后我就主动不来咨询，你就可以摆脱我了"。

心理咨询师（笑）：所以，无论我换什么时间，你都会感觉不合适，是吗？

来访者（笑）：嗯，不过，我现在不会这么想了。

3. 探讨早期客体关系如何导致该亲密关系模式的形成

爸爸在其原生家庭中不被重视，脾气暴躁，经常迁怒于来访者，非打即骂；妈妈在外公、外婆家也不被家人喜欢，从小就学会了察言观色。妈妈和爸爸关系不好，经常打架，他们打架时，来访者就会躲起来。听妈妈说，他们刚结婚的时候感情就不好，爸爸游手好闲，妈妈一直想离婚，所以偷偷避孕，后来避孕失败才有了来访者。生下来访者以后，妈妈生了一场重病，月子没坐好，来访者也没能喝到母乳。即来访者的重要他人——妈妈，不是一个足够好的妈妈，缺乏给予来访者爱的能力。

4. 处理投射性认同

在咨询关系中，也多次出现投射性认同。通过面质、解释，使来访者反思、获得领悟，帮助来访者将对心理咨询师的理想化和妖魔化体验进行整合，最终使来访者从病态的客体关系中解脱出来。心理咨询师被作为一个重要的"好客体"整合进来访者的自体中，并延伸至来访者的其他重要关系中。打破幻想：希望一个人能无条件爱我和治愈我。

改变亲密关系的相处模式：保持边界，温柔而坚定地拒绝；清晰表达需求，不见诸行动。可以有自己的要求，但对方有权利拒绝，没有人能无条件地爱或接纳别人的缺点。要为自己的情绪负责任。

来访者意识到自己的行为模式很像妈妈，无意识中用妈妈控制她的模式与男友相处。

5. 打破旧的非适应的模式，发展新的模式

来访者想直接提出要求，害怕被拒绝，提出相反的要求，希望对方主动看见并以她想要的方式满足她，未果，狂怒，推开对方，后悔。

"需要男友、父母、朋友和心理咨询师的不断认可"到"我自己本来就不错，虽然有一些缺点"。

6. 适时采用认知行为疗法

对来访者错误的想法和信念进行工作。布置认知与行为作业（鼓励来访者表达真实的感受）。

中间信念：一系列僵化的规则和"应该"。

核心信念："我不可爱""我无能""我不配得到爱"——内心深处认同了妈妈的评价。

僵化的规则和"应该"是妈妈教会来访者的。

不合理的信念导致一系列的自动思维：用自动思维清单处理"男友说他的朋友好，意味着我不好"。

小时候，来访者的妈妈总会以一些很严苛的标准来要求她，他们总是告诉她："你还不够好，你还不够优秀。"很少会夸她，总是会拿她和别人家的孩子做对比。这就造成了她从小以来一直都是：以"别人的评判标准"来看待自己，试图去满足别人的期待，别人对她的赞同或否定都会对她的情绪造成很大的影响。来访者还会有一些讨好别人的倾向，想让他们表扬她。

**（四）反思**

1. 咨询满意之处

经过35次的咨询，来访者对自己的问题的原因有了较清晰的认识，能认识到自己亲密关系的模式。目前，双方对咨询效果较满意，与以下几个因素有关：①与来访者建立了良好的咨询关系；②来访者具有强烈的咨询动机；③来访者有较好的领悟能力；④来访者的亲密关系问题与母婴关系有关，并且在以后的养育过程中不断强化。因此，本案例适用心理动力学疗法。

心理咨询师通过"解释"帮助来访者认识到她与心理咨询师的关系是母婴关系的再现，将来访者对亲密关系"好的"和"坏的"体验进行整

合，最终使来访者从病态的客体关系中解脱出来。心理咨询师被作为一个重要的"好客体"整合并内化进来访者的自体中，使来访者虚假的自体变得真实。来访者获得健康的自恋，同时拥有独立与依附感，一方面能把别人理想化，另一方面又能看到自己的价值，从而获得以前没有的安全感，不必完全依赖别人，也不必害怕被遗弃。

2. 心理咨询师处理不足之处

一致性反移情占据了咨询过程，对建立咨询关系有利，但对充分直观地显现投射性认同并处理是不利的，相信随着咨询的进展，互补性反移情会充分体现并得到处理。

来访者在咨询中需要心理咨询师给予正性反馈，尚未充分讨论。来访者的低价值感需要在移情和反移情中得以充分显现和处理。

来访者无意识中破坏亲密关系，但咨询中并未显现。

# 第五部分　性与性心理问题

## 案例1　婚期临近，我却害怕结婚了
### ——一则有处女情结来访者的心理咨询案例

## 一、个案介绍

**基本信息：**张伟，男，未婚，30岁，博士，工程师。来访者是独生子，家庭成员为父母及来访者一家三口。来访者自18岁起求学在外，平时在学校住集体宿舍，放假才回家。平时和妈妈话比较多，有点畏惧爸爸。妈妈是公务员，爸爸是教师，在单位里面都非常优秀。

**对来访者的初始印象：**身材高大、帅气。神情疲惫，眉头紧锁，说话时"中气"不足，声音显得有气无力。

**求助的主要问题：**半年后要结婚，"恐婚"，害怕婚后自己没有能力处理家庭方面的事务，没有能力照顾别人。希望通过咨询能克服"恐婚"心理，改变自己懦弱、敏感的性格。

**来访者自诉：**"两年前在学校认识了前女友，她是硕士，我是博士，是同一个导师，后来我们确立了恋爱关系。第一次和她做爱时，发现她没有见红，我就很生气，问她为什么会这样。在我的一再追问之下，她才告诉我，她在大学兼职时被上司强暴，我让她去找那个人算账。她说事情已经过去好几年了，事发后她就离开了那个公司，后来听说那个人已经出国

114

了，也找不着对方了。我简直要崩溃了，当时用恶毒的语言骂那个渣男，同时责怪我女友不小心。前女友美丽大方、性格温柔、很善良，我特别依赖她，在学习和人际关系方面遇到问题，我会找她倾诉，甚至我晚上失眠，半夜两三点钟打电话给她，她都会陪我聊天。可我就是无法容忍她被人强暴的事实，经常会想象她被强暴的场景，和她一起的时候，我还一遍遍让她描述当时被强暴的细节，前女友受不了，就提出了分手，我又舍不得，就恳求她不要分手。其实我在和她相处之前，有过一段非常短的恋情，和女方也发生了性关系，那个女生是处女，可是对方家庭条件不好，有好几个弟弟、妹妹，她工作也不稳定、收入低，我的父母坚决反对，后来我们就和平分手了。对于这件事情，我的前女友并不知情，我和她说，我是第一次谈恋爱。我也知道，前女友是受害者，她不是生活作风有问题，但我就是受不了，总是一再地在精神上折磨她，也折磨我。一年前，我们终于彻底分手了。分手后，我遇到事情还会找她，但她和我都清楚我们已经不是男女朋友，只是比较要好的朋友。后来，我的家人给我介绍了一个大学教师，家庭条件和她本人的条件都不错，我们相处快一年了，约定半年后领证结婚。可是，最近这段时间，我开始纠结，我不想这么快结婚，怕自己对前女友有幻想，结婚后会后悔，到时候也伤害现在的未婚妻。而且结婚对我来说就是要承担责任，我30年来就没有承担过什么责任，上学、工作、婚姻都是我父母替我决定的。如果是和前女友结婚，我倒是并不害怕，因为她很能干，而现在的未婚妻是没什么主见的乖乖女。

"我现在特别矛盾和纠结，想到要结婚，就觉得很烦，怕自己错过了前女友那么好的女孩会后悔，但是要和未婚妻分手，一是和家里人交代不了，二是以后不知能不能面对前女友不是处女这个问题。明明知道不是她的错，但就是接受不了，整天想这个事情头痛到要炸，有时候觉得相爱就好，但是有时一想到此事就觉得很恶心，会想象她和别人在一起的场景。

"有时候希望前女友和我撒谎就好了，那我们就不会这么烦恼，不会有这么多痛苦。有时会幻想有一天前女友告诉我这个事情是假的，她并没有被强暴。"

**成长史和重要事件：**"从小一帆风顺，学习一直很好。父母脾气都不好，两人在我记事起就争吵不休。父亲对我很凶，小时候我调皮，可没少挨打，有一次皮带都打断了。我有点怕他，直到现在也是。妈妈很强势，性格比较冷，在我的印象中她从没有亲过我。妈妈在家里做主，为人处世面面俱到，我很佩服她，但是她有时也蛮不讲理，事事要我听她的，我也很不满，但又无计可施。妈妈太厉害了，我不听她的话，她就会一直在我耳边唠叨。我学习成绩虽然很好，但是在其他方面就不行，不知道怎么和人打交道，尤其是同性，所以基本上没朋友。对权威人士也很畏惧，特别怕我的导师，他是一个很厉害的男导师，我就是因为怕他，有问题都不敢找他，所以毕业论文出了问题没能及时修改，以至延期答辩才毕业的。"

**以往咨询经历：**来访者在读博士期间因为考试压力咨询过学校的心理老师，感觉有效果。与第一任女友分手后很痛苦，在网上心理咨询过一次。因为此次咨询涉及个人的终身大事，对网络心理咨询师的资质有顾虑，希望能找一个"靠谱"的心理咨询师，托父母找人多方了解，选择了本咨询机构，选择了本心理咨询师。

## 二、咨询过程和结果

### （一）咨询设置

心理咨询每周1次，50分钟/次，咨询前签订协议，告知保密原则、来访者及心理咨询师的权利和义务、请假、迟到等相关设置，取消或者更改时间需提前24小时通知。

### （二）咨询目标

双方共同商定的咨询目标是如何与前女友正常相处；克服"恐婚"心理；改变自己懦弱、敏感的性格。一共进行了16次咨询，因来访者要去外地工作，咨询终止，建议来访者在当地寻找心理咨询师，继续接受心理咨询。

### （三）咨询方法及过程

初始访谈阶段，收集来访者的资料，进行评估，建立咨询联盟，商定咨询目标。咨询中期，进一步收集资料。进一步讨论来访者个人成长史及家庭情况，探讨原生家庭对其个性的影响。探索来访者亲密关系的模式——依赖与反依赖。探讨来访者在与前女友的关系中是否重复了与妈妈的关系模式。对同性同学、同事的害怕，对权威人士的恐惧，是否来源于对父母恐惧的投射？帮助来访者寻找纠结女友是否处女这一问题上不合理的自动思维与错误认知。咨询后期，评估咨询结果，处理分离焦虑，预防复发。讨论是否继续咨询。反馈总结。

### （四）咨询效果

咨询反馈：来访者认为咨询有效果，能看清自己处女情结背后是无法接受比自己强大的、有力量的同性，认识到自己的软弱并且接纳它。重新审视对前女友的情感，并不是真正的男女之爱，是像对母亲般的依赖；对未婚妻，决定不着急做决定是否结婚，以平等的身份去相处，不因为是父母介绍的就拒绝，也不因父母喜欢就接受。以一个成年人的身份与父母相处，对自己的未来负责。最近的情绪较稳定，睡眠也有所改善，感觉轻松许多。

咨询过程总体顺利，来访者心理领悟能力强，比较适合短程的动力学疗法和认知行为疗法。来访者的咨询目标基本达成。

## 三、讨论和反思

### （一）来访者的主要问题

在咨询的初期阶段，心理咨询师认为来访者只是普通的"恐婚"现象以及有较强的处女情结，但是随着咨询的不断深入，意识到来访者的原生家庭及早年的亲密关系对来访者的负面影响是问题的根本原因。

### （二）导致来访者问题的主要影响因素

根据动力学的理论，从经典的精神分析视角来看，这是一个俄狄浦斯冲突，潜意识中与父亲的竞争及竞争失败造成一系列问题；从客体关系的视角来看，其母亲是一个强势、情感冷漠的人，可能未能在来访者的共生期与来访者建立良好的依恋关系，妈妈不是一个足够好的妈妈，来访者的安全感未能很好地建立，成年后建立亲密关系也就存在问题。

### （三）如何处理来访者的问题

从动力学的视角理解案例和来访者，采用倾听、共情、真诚、无条件积极关注等技术进一步建立良好的咨询联盟，收集资料，对案例形成认知概念化。帮助来访者理解其问题发生的原因，共同制定咨询方案。采用认知疗法，帮助来访者了解导致其情绪改变的想法和行为，理解想法、情绪与行为之间的相互关系，对来访者的自动思维、中间信念乃至核心信念进行工作。

（1）查找自动思维：对自动思维进行工作，运用自动思维清单记录。（见表5-1）

说明：当你注意到自己的情绪变坏时，问问你自己：现在我的头脑里在想什么？并且尽可能快地在自动思维清单中草草记下这种思维或心理意象。

表5-1 功能障碍性思维记录

| 日期/时间 | 情境 | 自动思维 | 情绪 | 适合的反应 | 结论 |
|---|---|---|---|---|---|
| 周一晚上8点 | ①什么现实的事情或思维的倾向或白日梦或回忆导致不愉快的情绪？②（如有）你有什么痛苦的躯体感觉 | ①你头脑里有什么思维或意象？②当时你对每一个思维或意象相信多少 | ①当时你感觉到什么情绪（伤心/焦虑/愤怒等）？②情绪的强烈程度如何（0～100%） | ①（随意）你产生了怎样的歪曲认知？②运用下面的问题对自动思维做一个反应；③你对每一个反应相信多少 | ①现在对每一个自动思维相信多少？②现在感觉是什么样的情绪？情绪的强烈程度如何（1%～100%）；③你将做什么（或做了什么） |
| | ①看前女友在朋友圈里的照片，想象她被强暴的场景；②喉咙发紧 | ①我被那个男的占便宜了；②我真窝囊 | 愤怒：90%悲哀：70% | | 愤怒：50%悲哀：70%做我现在该做的事情，完成工作上的任务 |

帮助来访者组成选择性反应的问题：①自动思维是真的，证据是什么？自动思维不是真的，证据是什么？②能对选择做出解释吗？③可能发生的最坏情况是什么？我能经受住它吗？可能发生的最好情况是什么？最现实的结局是什么？④我相信这种自动思维的后果是什么？什么能影响我甚至改变我的思维？⑤对此我该做些什么？⑥如果___（朋友的名字）在这种情况下有这种思维，我会对他（她）说什么？

（2）查找中间信念：①如果女友的第一次不是和我在一起，那么她就不是纯洁的女孩；②如果女友和别人好了，那么就意味着我被别人打败了。

认知的重建：事实检验，改变歪曲认知，构建新的合理信念。

（3）查找核心信念：①我是无能的；②我不值得被人爱。通过了解来访者的成长史、与父母及重要他人的关系来寻找其核心信念的形成原因。

**（四）反思**

此案例最初是因来访者"处女情结"引发的心理问题。

"处女情结"是一个被社会大众欲说还休的话题。2017年上半年热播的电视剧《欢乐颂2》里，有这样一段：邱莹莹的男友应勤发现女友不是处女后，就认为女友不纯洁、行为不检点，要和她分手，此事在网上引起了关于"处女情结"的大讨论。

---

**专栏1：中国人的"处女情结"到底有多重？**

中国人的"处女情结"到底有多重？

2013年9月17日，世纪佳缘网发布了白领婚恋状况调研——中国白领私生活大调查，结果显示，在"是否在意配偶是不是处女"问题上，75%的男士表示"在意"，25%的男士表示不在意。其中，60%的男士因配偶不是处女"有心结"。2016年，凤凰网也做过类似调查，结果显示85.82%的男性认为自己有"处女情结"。

为什么有些中国男性有如此重的"处女情结"？"处女情结"的成因与传统文化、社会习俗等密切相关。

社会学家认为，"处女情结"的本质来源于男人在本性中的占有欲，他们都希望自己的女人是完全属于自己的，因而往往十分难以接受与其他男人发生过性关系的女人。在男权社会中，无论是公开还是隐藏的潜文化，都宣扬节妇烈女的贞洁观，都是在表达男性独占的权力，要求男性占有权力的完整性和彻底性。

资料来源：

安徽新闻：ttp://ah.anhuinews.com/system/2013/09/18/006082965.shtml.

---

多数有"处女情结"的男性不愿承认自己受封建思想的影响，他们在婚前性行为方面是双重标准，认为自己只是不能接受女性不自重、不自爱，想做对方的第一个男人而是理所当然，甚至对女性因受到性侵害而失去贞操也无法接受。这种男尊女卑的观念在很多男性思想中根深蒂固，沿袭至今。除了社会历史因素，男性的"处女情结"的心理因素还有哪些？现以本案例的来访者为例，尝试从心理学的角度去分析来访者的"处女情结"。

1. 自信丧失

在"我无能"的核心信念支配下，来访者在任何竞争的场合都缺乏自信，始终担心自己不够强大，会成为失败者，因此回避一切被比较的情境。来访者认为，性是证明自己男性力量的武器，当知道女友与其他男性曾经有过性关系时，潜意识中他会与他的竞争对手进行性能力的比较。因为对方已经抢占先机，那么来访者就认为自己是个失败者，并且会泛化到一切竞争情境中。

2. 安全感缺乏

女友身上被一个男人刻上了性烙印，来访者的潜意识里会觉得"她不是仅仅属于我，有可能会离开我"。来访者的原生家庭造成其极度缺乏安全感，拥有女友的过去、现在和未来，才可以消除恐惧，满足其安全感的需要。在来访者的内心世界里隐藏着一种深深的不安，即担心若对方不是处女，对方便有可能深受以往性体验的影响，会怀恋过去的性对象，甚至有可能会离开他。

因此，就男人而言，追求纯洁的处女的性心理的背后，实际上还隐藏着男性性能力方面的不安感。来访者外在的现实是英俊潇洒、高学历、家庭条件好，标准的高富帅，但内心的现实是弱小的，通过对女友的苛求保护自己的男性尊严。潜意识中与其他男性的比较是一种竞争，是每个男人内心的基本焦虑。男人总希望自己对女人处于支配地位，这种观念自古就有并随着男权社会秩序的确立而被固定了下来。可以说"处女情结"是男性中心社会的产物，是男人单方面的欲望。不能简单地将"处女情结"等同于对纯情的向往。

3. 完美主义

来访者的性格懦弱，做事谨小慎微、刻板，凡事追求完美。"我想要一个没有瑕疵的关系""她失贞了就不纯洁了"。

来访者采取了否认和幻想的防御机制，否认女友被强暴的事实，幻想什么事情都没有发生过，其实是不能面对现实。之所以采取这种防御机制，是因为来访者内心渴望完整，不完整会引发他内心强烈的焦虑和冲突。对完美的过于执着往往会使我们忽略了对现实美好情感的享受。

普通大众关于"处女情结"方面存在一些认知错误，介绍如下：

（1）处女膜破裂说明一定有过性交行为，一定不是处女。

从生理方面来看，女性处女膜的厚度有个体差异。有的人处女膜很薄，锻炼、骑自行车亦能使其破裂。而有的人有过一两次的性关系，处女膜也不会破裂。

（2）如果她有过性经历，那么她是一个随便的人。

这是犯了以偏概全的错误。事实上，只有极少数女性对性很随便，绝大多数女性对性的态度是认真、负责的。多数女性在和男性交往一段时间后，认为他值得托付一生，在认真付出了感情后，就会很自然地付出身体；她无法预知当时的付出是否值得，但世事变幻莫测，感情的事情更是易变，加上很多现实的原因，如异地、父母反对等，分手也成了经常发生的事情。女性分手后不可能单身一辈子，那么当她交往下一个男友时，在性方面她就成了非处女。另外，有一些女性是被骗、被强暴的，本身就是受害者，更加不能说明女孩是随便的人。如果男性婚前发生了性关系，刻意隐瞒了女性，那么能否说明男性也是随便之人？

（3）如果她有过性经历，那么她是"不洁"的。

这是犯了任意推断的错误。有"处女情结"的男性认为，有过性经历的女性被别人"污染"了，她是"不洁"的。这种不洁感是心理感受。其实，在一段关系内真心付出，在性方面，她或他是唯一的，对对方忠诚，即使之前有过性行为，她或他都是纯洁的。如果在恋爱或者婚姻关系存续期间，同时与他人保持性关系，才是不道德的、不洁的。用处女与否去衡量一个女性的纯洁与否，对女性而言是非常不公平的，男性没有处女膜，即使婚前发生性关系，如果本人隐瞒，女性无法得知，那么能否说明男性也是不洁的呢？当男性觉得非处女有不完美的遗憾时，应该看看自己，也不可能没有瑕疵，与其在追求完美的压力中不能解脱，还不如接纳遗憾，告别过去，活在当下。

（4）如果她和其他男人发生过性关系，意味着自己被别人占了便宜。

这也是错误的。女人是独立的个体，身体和人格方面不因为有过性经历而失去完整性和独立性。女性不是男性的私有品，认为被"别人占了便宜"，其实是把女性物化的思想在作祟。同时，也是男性自卑心理的体现。可以这样理解："女友有过恋爱的经历后，仍然选择和自己在一起，这就证明了在她心里面，其他男人都不及我优秀。"

作为男性，应多注重恋人或妻子的人品和感情，不应被所谓的"处女情结"所束缚而自寻烦恼。女性也不要因为不是处女而妄自菲薄，自认低人一等。对于"处女情结"，不论男性还是女性，都要改变陈旧迂腐的思想，破除上述错误认知，在一段关系中做到洁身自好。两个人携手走一生，不仅是爱对方的长处，而且需要理解他（她）的弱点、包容他（她）的过去。人生是不断成长的过程，经历什么并不是最重要的，通过经历学会了珍惜爱和拥有幸福的能力才最重要。

### 专栏2："处女情结"的起源与历史发展

什么是"处女情结"？处女，指未有过性交经历的女人，"处女情结"是一种十分封建保守的男子心中特有的一种思想，指男子心中总是希望自己的伴侣没有跟别的男子发生过性关系的一种思想。"处女情结"属于心理学的范畴，是由于人们不科学的过度、过分关注未婚女子贞洁，违背人类性心理、性生理的正常发育规律，导致对男性、女性及相关人员的精神造成摧残及心灵创伤，而形成的不正常的社会状态。集中表现在处女膜是否完整的征兆上——见红，即"新婚之夜是否流血"，以及由此引起的各种心理状态。

处女膜崇拜来源于人类农业社会中的财产式婚姻，是父母把女儿当作待价而沽的物品，丈夫把妻子作为一种财产来占有的重要标志之一。在所有民族的农业社会时期里，所有人包括女性自己，都把女性的处女膜完好与否看成是该女性是否贞洁、是否与别人有过性关系的唯一标志。因此才会出现"处女"和"处女膜"这样的概念和名词。

在中国历史中，对于贞洁的强调始于宋代。程朱理学呼吁"饿死事小，失节事大"，认为女性在婚前或丈夫死后都应保持贞洁，守节的女子可以获立贞节牌坊，被人称颂，而所谓不贞的女子则遭世人唾弃和辱骂。这样的思想到了明清时代愈演愈烈，甚至到了今天，还有不少的中国男人心中还是存在着"处女情结"。

在西方历史中，对于"性"的话语也经历了不同的发展阶段。16世纪文艺复兴运动之前的几个世纪，对性的压抑态度一直持续。随着对人文主义的推崇，人们开始意识到性本身并非罪恶。到了19世纪，即英国维多利亚女王时代，贞操观念重新被提倡，女性地位明显低下，而性则成为社会的禁忌话题，人们不能离婚，手淫也被看作是对上帝旨意的亵渎。正是在这种压抑的环境下，弗洛伊德发现了控制性人格、神经症人格与性压抑的联系，从而创立了"泛性论"学说，为解放人们的思想奠定了基础。对性的态度最具戏剧性的转变则是伴随着女权运动兴起的"性解放运动"。"性解放运动"刚开始只是反对性别歧视，为女性争得和男性相同的权力、地位和婚姻自由。随后，人们逐渐接受了"性行为只是一种与生俱来的个人行为和权利，任何个人和社会都无权谴责或批判"等观念。因此，"性解放"便成为西方社会的主流话语，并对中国的传统文化和性的相关话语产生了极大冲击。

"处女情结"是传统贞操观双重标准的一部分。这个双重标准表现在：性对于男女不同性别来说具有不同意义，男性婚前性行为通常被自身和社会所宽容、默许和赞同，而女性婚前性行为则被男性和社会所贬低、批判，女性自身被侮辱。男性对女性婚前性行为进行道德批判，却主张、要求自己享有一定的婚前和婚外性权利。性的双重标准实际是对中国传统性原则的认可，实现某一性别对另一性别的性占有和性控制。性别权力的维护手段之一就是性别本质主义及由此产生的性别角色秩序。

综上所述，"处女情结"是来自封建男权社会的一种精神压迫，在男女平等的现代，人们应该坚决反对封建的"处女情结"。当然，否定封建的贞操观并不意味着人们在性方面可以乱来，在提倡男女性关系平等时，同样要提倡性行为的严肃性和责任心。

资料来源：

https://baike.baidu.com/item/处女情结/71883.

# 案例2　折翼的天使
## ——一则被性侵害儿童的心理咨询案例

普通大众总觉得性侵这种事离我们的生活很远，只是偶尔才会在新闻上见到。近年来，性侵儿童的恶性案件在全国各地呈持续高发状态，《2014年儿童防性侵教育及性侵儿童案件统计报告》显示：2014年全国共有503起性侵儿童案件被媒体曝光，平均每天1.38起，是2013年的4.06倍，且受害儿童越来越低龄化。诸多主客观因素造成性侵儿童案件难以被公开报道和统计，故公开的案例可能是实际发生案件的冰山一角。

多数被性侵害儿童及家人对曾经发生的性侵事件讳莫如深，特别是在农村地区，受害者和父母往往担心遭到周围人的非议，不愿被人知晓，甚至因此不敢报案。有的儿童因羞耻和恐惧，不敢向监护人或其他人透露自己遭受性侵害的情况。有一些受害者长期感到压抑、痛苦，在若干年后患上心理问题，勇敢地寻求心理援助。笔者身为心理咨询师，平均每年要接待2~3名遭受性侵害的儿童来访者。遵循知情同意和保密性的原则，对曾经遭受性侵犯的儿童进行深度访谈，进行面对面或网络的个体心理干预和家庭心理治疗，探索适合受害儿童心理援助的技术方法。

## 一、个案介绍

**基本信息**：菲菲（化名），女，11岁，小学六年级。妈妈陪同前来咨询。5岁时被舅舅猥亵。

**对来访者的初始印象**：皮肤白净，圆脸，大眼睛，扎着马尾辫，头上扎了一个大大的红色蝴蝶结，身着黑色超短裙，胸口挂着一个长长的黄色塑料项链，显得特别夸张。

**求助的主要问题**：妈妈反映孩子现在变得郁郁寡欢，不想上学，整天注意力不集中，容易发脾气；菲菲自己表示最近几个月心情不好，对什么事情都不感兴趣，不想上学了。对于现状，菲菲表示自己并不想改变，而妈妈很着急，希望女儿能快点好起来，回到学校正常学习。

**来访者自诉**："我现在注意力不集中、记忆力差。有时刻意去想，但时常回忆不起来被'欺负'的场景，但有时候会突然冒出来'那个'的画面，有时候恍恍惚惚的，像做梦一样。舅舅说因为我是好孩子，他才这样奖励我，这是咱俩之间的秘密，对谁都不能说。两个多月前，我看了一些书，知道这是不好的事情，开始觉得这都是我的错，都是我不好，不然舅舅为什么这么对待我。现在我会特别敏感，一个人在家会紧张、害怕，有时会莫名其妙地担心、生气。恨妈妈不能保护我，恨舅舅，但又说不出来，转而痛恨我自己无能，为什么不去反抗。我曾经和妈妈说过，不想在姥姥家，但妈妈不理睬我。我觉得很羞耻，身体上不干净。当听到妈妈打电话和亲戚说我的事情时，我都要绝望了。我现在对所有的事情都觉得没意思，身体和心理都是麻木的、黑色的。我想死，但我不知该怎么死，而且我害怕死。我的身体现在似乎不是自己的，不能控制，有时胃口不好，不想吃东西，但有时候又能吃很多东西；经常做噩梦、失眠，梦里惊醒、尖叫，醒来时大汗淋漓。我现在逃避跟任何男的单独在一起的场合，看书和上网的时候怕看到'性''强奸'等字眼。和同学在一起变得敏感，不愿意和同学一起出去玩，总担心自己的事情被人知道，被别人看不起。

"现在我对学习无所谓，妈妈总是唠叨，要我好好学习，我偏不，我恨她不能保护我，我要让她伤心，有时又觉得妈妈可怜。我也不知道以后该怎么办。过一天算一天吧。"

**成长史和重要事件：**菲菲妈妈陈述，菲菲是独生女，早产儿，小时候身体不好，经常生病，但特别乖巧、听话。我和菲菲爸爸在菲菲7岁时离婚，现各自均重组家庭。因为我工作比较忙，没空管孩子，孩子5岁时就放在姥姥家，白天他们帮我照看，晚上我把她接回来。最近两个月，我发现菲菲情绪不好，多次问她，保证替她保密，她才告诉我一个噩耗。她从5岁开始被舅舅（我亲弟弟，今年30岁，单身）"欺负"，我询问了细节，判断是猥亵，甚至疑似性侵。菲菲说，最近被舅舅"那个"的一次发生在一周前。我找到我弟弟，他死活不承认，我说要报警，他向我求饶，菲菲姥姥跟我下跪，让我家丑不可外扬，说弟弟将来还要结婚成家，不能毁了他。我气得浑身发抖，和他们大吵一架后，就把菲菲接回家和我同住。

**以往咨询经历：**菲菲妈妈曾经给咨询机构打过两次电话，咨询机构老师建议妈妈带女儿面谈。

## 二、咨询过程和结果

### （一）咨询设置

心理咨询每周1次，50分钟/次，收费200元/次，咨询前签订协议，告知保密原则、来访者及心理咨询师的权利和义务、请假、迟到等相关设置，取消或者更改时间需提前24小时通知。

### （二）咨询目标

咨询目标总的是缓解来访者的抑郁情绪，处理来访者的心理创伤。来访者一共进行了8次咨询，后因为来访者妈妈对咨询效果不满意，主动结束咨询。

### （三）咨询方法及过程

初始访谈阶段，主要是收集来访者的资料，进行评估，建立咨询联盟，商定咨询目标。在初始访谈阶段一定要向来访者强调保密原则，打消来访者的顾虑，重建其安全感。在咨询早期阶段，避免与来访者有肢体接触。在来访者没有充分的心理准备的情况下，不去讨论性侵害的详细经历。

评估：在临床心理学上，菲菲的问题主要是由于性侵犯的创伤所致。可以将这种创伤症状分为两种类型，即急性的和延迟的两种症状。急性应激障碍一般发生在创伤事件之后的四周之内，最少持续3天，最多持续4

周，如果症状持续时间更长，则符合创伤后应激障碍的诊断标准。如果症状在创伤情境发生的6个月后才出现，这一反应就被视为延迟的创伤症状。来访者当前可评估为创伤后应激障碍（但心理咨询师在实际工作中不做诊断，仅用于理解个案用）。对于急性的创伤后应激障碍，就有必要立即进入危机干预的程序，而不是采取一般性的保护或救济措施。

咨询中期，在建立良好咨询关系的基础上，以支持性疗法为主，辅助以游戏绘画疗法。用肯定化、正常化的技术给予来访者一些解释和支持，告诉她其反应是正常的，避免来访者有羞耻感和内疚感。反复告知来访者："这绝对不是你的错。"基本技术有共情、倾听、鼓励与保证、情感释放。第4～6次心理咨询，心理咨询师给来访者实施了游戏治疗和绘画治疗。游戏治疗的情境让儿童在安全的环境下重新经历冲突和危机，以此获得机会战胜恐惧，适应必要的生活改变，获得安全感。

对家长的心理教育：与家长共情，同时告知家长不可责备孩子，切莫因愤怒而做出过分的反应，造成孩子的二次伤害。亲人尤其是父母的理解与支持，可以明显地减轻性侵害对受害儿童心灵的伤害，减轻他们内心的痛苦。

咨询后期，强化来访者适应性的改变，总结咨询全过程；评估咨询结果，处理分离焦虑，预防复发。讨论是否继续咨询。反馈总结。

**（四）咨询效果**

心理咨询师对咨询的总体评价：经过8次咨询，来访者的情绪稍稳定，对心理咨询师有信任感。但是来访者还是不愿意去上学，母亲对咨询结果不满意，要求结束咨询。心理咨询师与来访者母亲讨论性侵对孩子的伤害，无法在短期内得到消除，建议其多一点耐心，多给孩子一点时间，但来访者母亲不愿意等待，希望结束咨询，到外地找更好的专家咨询。

由于母亲坚持结束咨询，心理咨询师劝说无效，只能告知来访者以后如何保护自己的身体不受侵害，与来访者处理分离焦虑。咨询结束后，心理咨询师接受个人体验，处理自己的无能感，接受咨询的局限性。

## 三、讨论和反思

### （一）来访者的主要问题

这是一则由于性侵害导致儿童出现一系列心理行为问题的案例。

性侵害是指一切与性有关的、违反他人意愿而对他人做出与性有关的行为。性侵害可以发生在任何年龄，在儿童阶段受到的性侵害叫作儿童性侵害。儿童的年龄界定在联合国儿童权利公约里界定是"18岁及以下"，也就是说18岁及以下的未成年人（包括男生和女生），在成年人的威逼利诱下卷入了任何违背个人意愿的性活动，或者是在未知情的情况下参与了性活动，这些都是儿童性侵害。性活动包括带有性含义的身体接触，如性交，也包括暴露身体，如别人暴露身体器官或者自己的身体被暴露；被别人邀请去观看色情视频、录像、图片；被别人窥探自己的身体，自己的身体被拍了裸照等。在我国，与不满14周岁的女孩发生性关系，不论女孩是否自愿，都是强奸幼女罪。

国内外关于性侵犯影响的研究表明，除了生理的损伤外，心理的创伤对儿童的负面影响尤甚。不仅容易导致儿童出现短期的抑郁、焦虑等情绪及冲动、逃学、进食障碍、性心理障碍等异常心理行为反应，甚至会出现自杀、自伤行为；对受害者成年后的长期影响则更加深远，可能会造成延迟性创伤后应激障碍或人格的改变。对家庭的影响表现在，父母继发性的心理创伤使得家庭功能减弱，甚至会导致家庭的消亡。对社会层面的影响表现在，受中国父权文化的影响，社会通常对受害者持贬低态度，受害者难以承受歧视和漠视，可能会出现自暴自弃，极少数甚至成为性侵犯者来报复社会，成为影响社会稳定和阻碍社会发展的"毒瘤"。

### （二）导致来访者问题的主要影响因素

在本案例中，来访者在5岁时第一次被舅舅猥亵，在5岁至11岁期间被多次猥亵，甚至疑似性侵，出现一系列表现为重大创伤性事件引起的急性应激反应和创伤后的应激障碍。主要的急性应激反应症状有：来访者紧张、恐惧，难以与人交流；有时自言自语、缺乏条理，有时会冲动、大喊大叫、摔东西。事后会说记不清怎么了。妈妈回忆起，大概一周前（与菲菲最近一次被猥亵的时间相吻合），她发现菲菲目光呆滞、表情茫然、不言不语，对家人的呼唤无反应。三四天后，此类症状消失。

急性应激反应是由于剧烈的、异乎寻常的打击，超过了患者的心理承受能力而引发的精神障碍。其形成机制有多个心理、生理中介和反应过程，被性侵为重大的创伤。

来访者的主要症状如"脑海中经常冒出来被侵害的画面，像放电影一样""容易受惊吓，难以入睡或不能安眠""不愿意和同学一起出去玩""怕看到和听到'性''强奸'"等字眼，这些为创伤后应激障碍的核心症状——闯入性症状、回避性症状和警觉性增高症状。同时，来访者会有抑郁的表现，如对以往感兴趣的事情不再感兴趣，似乎对什么都无动于衷，觉得无所谓，甚至有自杀的念头。

创伤后应激障碍的发生是多种因素综合作用的结果。异乎寻常的创伤性事件是本病的直接原因，它与个体易感素质的结合，使来访者应付心理应激的"重建和再度平衡"机制失调。相关因素涉及不良遗传素质、早期心理创伤、个性内向、既往心理疾病、家境困难、健康状况不佳等。而应激源的严重程度、暴露的时间长短、人格特点、个人经验和社会支持等也是影响创伤后应激障碍发生和病程的重要因素。

**（三）如何处理来访者的问题**

对近期出现的儿童性侵害事件需按照危机干预的模式进行处理。如果是在远期发生的性侵事件，需要进行预防性创伤后应激障碍干预。危机干预侧重于为来访者提供心理支持，鼓励来访者面对、表达和宣泄，学习新的应对方式，并帮助来访者解决实际存在的问题。

1. 危机干预

徐光兴认为，在危机干预之前必须了解大多数受害者的最初反应，一般包括三个阶段：①震惊阶段，受害者受到惊吓和冲击，感到强烈的焦虑；②易受暗示阶段，此时受害者倾向于被动、易受暗示，也愿意接受救援者或他人的指导；③平复阶段，此阶段的受害者会感到紧张、忧伤，显示出焦虑和不安的泛化，但是慢慢地会重获心理的平衡。只有在第三阶段缺乏干预或干预不当后，应激障碍才会发展，如果危机干预不当，那么这种症状在其今后的生活中会长期残留。

危机干预是一门学问，它强调的是专业和技巧（见专栏1），而不是仅靠爱心和同情心就能完成的。例如，在创伤事件发生的初期，紧急危机干预技巧就是安抚与倾听。对于许多受害者来说，及早地开口说话，表达他们所经历的情感是至关重要的。如果受害者哭泣，救援者应该选择接纳，因为情感的宣泄是一种紧张和焦虑的释放。

---

**专栏1:危机干预的基本技术**

危机干预的基本技术分为六个步骤:

第一步:确定问题(诊断和评估)。在与被害者的接触过程中,敏锐地观察其举止和表情,了解其受害的程度和症状的严重程度,从而考虑采取何种有效的心理援助。

第二步:提供安全感。对受害者实施必要的保护和监护措施,同时处理他们的情绪反应,如悲哀、愤怒、麻木、担心、焦虑等,对未成年人要提供温暖的怀抱,让他们有安全感。

第三步:给予支持。援助者以无条件积极的方式接纳所有的受害者,不在乎回应。让受害者感到所有的危机干预人员都是亲人,是可靠的支持者,他们会妥善处理危机事件。

第四步:提出应对计划(方案)。在多数情况下,受害者的思维和认知处于不灵活的状态,无法判断什么是最佳选择,有些人甚至认为无路可走了。危机干预者要帮助或引导受害者制订新的应对方式和计划。

第五步:尝试开始新的生活。这是恢复他们的自制力和摆脱创伤经历的重要一步,只有这样才能逐步树立他们的积极观念和增加他们的自信心。

第六步:定期进行心理健康服务和辅导矫治,让受害者的身心逐步复原,消除焦虑、冲动和罪恶感,重塑他们健康的人格和行为。

资料来源:

顾瑜琦,孙宏伟.心理危机干预[M].北京:人民卫生出版社,2013:48-53.

---

### 2. 心理咨询

支持性疗法是急性应激障碍治疗中普遍使用的一种心理干预手段，指心理咨询师采用劝导、启发、鼓励、支持、说服等方法，帮助来访者发挥其潜在能力，提高来访者克服困难的能力，从而促进其身心康复。它是一种基本的心理咨询方法。基本技术有倾听、解释与建议、鼓励与保证、情感释放。倾听：心理咨询师认真倾听来访者的倾诉，使来访者感到心理咨询师在积极关注他们的痛苦，消除其顾虑和孤寂感，从而对心理咨询师产生信赖，有利于疏泄情绪。解释与建议：在建立起良好信任关系的基础上，心理咨询师以通俗易懂的方式针对性地对来访者的问题进行解释，并提出解决问题的建议。鼓励与保证：心理咨询师对来访者潜在的优势进行积极的鼓励，以使其充分发挥主观能动性，激发其潜在能力，提高其应付危机的信心。保证是心理咨询师对来访者的承诺，常用于多疑和情绪紧张者。保证应恰当、实际，以免破坏来访者的咨询信心。情感释放：让来访者在咨询环境里宣泄情绪，在咨询早期有利于心理咨询师感受来访者的内心世界，获得信任，但是，反复的情感释放并无益处。善用资源：帮助来访者充分利用各种资源，并鼓励来访者去接受来自家人、朋友、医务人员、社会团体的支持和帮助。

许多孩子不愿意接受干预或治疗，有的孩子的认知和语言发展还不足以使其从成人的心理疗法中获得太多的帮助，一般采用儿童较为喜闻乐见的游戏疗法为他们进行个体心理辅导和教育。

游戏疗法是将心理动力治疗理论应用于解决儿童行为问题和危机事件的一种技术。因为许多儿童和更年幼的孩子无法像成人一样讲述自己的感受和情绪，也没有发展出必要的自我意识和应对策略，因此对儿童进行传统的心理治疗效果非常有限。游戏疗法的情境是让儿童在安全的环境下重新经历冲突和危机，以此获得机会战胜恐惧，适应必要的生活改变，获得安全感。常见的儿童游戏疗法有沙盘治疗、绘画和音乐疗法。

其他的心理咨询的主要方法有认知行为疗法、暴露疗法、催眠疗法等。必要时要做家庭治疗，把家庭的社会支持和爱引进来，当然也可以做团体治疗。

研究表明，认知行为疗法对创伤早期的急性应激障碍和创伤后应激障碍都有很好的疗效。暴露疗法可作为处理创伤记忆的首选疗法。眼动脱敏是一种以暴露为基础的治疗技术，对治疗创伤症状有明显的效果。

3. 药物治疗

如通过选择性5-HT再摄取抑制剂可有效改善情绪症状，药物通过减少症状和增强心理功能使心理咨询比较顺利地进行。一般来说，药物的剂量较其他精神障碍要小，使用时间更短。药物要在精神科医生的指导下使用。

（四）反思

1. 什么情况下儿童容易受到性侵害

被性侵害的儿童受害者多数是女生，所以儿童受到性侵害时的犯罪主体往往是男性。且儿童性侵害的侵犯者大多是熟人，如邻居、亲戚、老师，甚至是父亲、爷爷、外公等长辈。他们有条件、有机会接触这些儿童。在经济落后、法律意识淡薄的地区，儿童性侵害发生率比较高。留守儿童缺少父母监护和社会支持，更容易受到性侵害。在这些地方，当儿童受到性侵害之后，一些孩子的父母或监护人不能给予儿童支持，他们对是否报案会顾虑重重，觉得丢人，孩子也会被鄙视。在这样的环境里，被侵害者难以走出心理创伤。

男孩也可能是性侵受害者。在很多人的意识里，男孩是不会遭遇性侵害的，即使是被别人摸摸隐私部位也算不得什么特别严重的事。而事实上，男孩遭性侵后往往被漠视，有时候后果更严重。

2. 儿童遇到性侵害应该怎么办

主动跟信得过的家长说，及时寻求帮助。最好是寻求专业心理咨询师的帮助。如果跟亲戚朋友说，亲戚朋友也许不能做到为你绝对保密，还有的人可能会说"都是因为你不注意、不听话、不检点"，这会让孩子受到"二次伤害"。而心理咨询师是专业人士，会与受害者建立平等、信任、尊重、保密咨询的关系，会使用专业的心理技术帮助儿童走出阴影。

3. 父母如何帮助孩子预防受到性侵害

父母与孩子之间要保持爱的沟通。父母对孩子可以坦然进行性教育，这样孩子遇到一些性的困惑时就能回来请教家长。与孩子建立平等、信任的关系，孩子内心有安全感，如果孩子受到学校老师或其他人的性侵害时，也能及时跟家长讨论这些事情，不用担心受到父母的责难，家长就能及时发现并及时制止犯罪行为。家长也要有正确的价值观，破除成人世界的"面子"心理，不要因担心被性侵害会成为孩子人生的污点，从而放过了施暴者，要避免更多的人受害，惩恶扬善。

如何教育孩子做好自我保护？父母和学校老师要教育孩子，正确认识自己的身体，要有性的安全意识，哪些部位是可以碰的，哪些部位是不能碰的，如果是不能碰的部位受到别人侵犯的时候必须坚决表明态度，尽快离开，不让陌生人触摸自己的身体。如果遇到被触摸被侵犯的情况，除了及时离开，还要及时跟父母或自己信任的人报告，及时寻求帮助。尤其是母亲时刻要有防范心理。在孩子遇到性侵害时，父母需要第一时间给孩子进行心理上的安抚和辅导，减少或避免孩子的心理创伤。在没有征得孩子同意的情况下，尽量减少他人的看望，哪怕是比较亲近的亲戚，更不要随意地告诉他人。

需要强调的一点是，防性侵的性教育要建立在爱的基础上。如果一个孩子从小没有得到父母充足的爱与支持，当侵害者披着爱的外衣去接近儿童时，儿童就不会拒绝，甚至会很享受这种带着伤害的爱。如果父母缺乏对孩子人格力量的塑造，特别是父母经常侵入他（她）的界限，要求孩子听话懂事。那么面对侵犯，儿童是很难维护自己的界限的，不敢也无法保护好自己，尤其这个侵犯者是熟人、长辈或者是权威人士的时候，如老师。

4. 心理咨询师该如何帮助被性侵害的儿童

建议女心理咨询师接待来访者会比较方便一些，而且不论心理咨询师与来访者是否为同性，在咨询早期阶段，都不要与来访者有肢体接触，因为来访者在咨询关系未建立时会有强烈的不安全感。在来访者没有充分的心理准备的情况下，不要跟受害人讨论性侵害的详细经历。当来访者愿意讨论时，后续还可以进一步询问来访者在心理层面、身体层面经历创伤之后出现了哪些反应，这时候心理咨询师可以用肯定化、正常化的技术给予一些解释和支持，说明人都会有这样一些反应，避免来访者有羞耻感和内疚感，并反复告知"这绝对不是你的错"。

5. 社会该如何做好受害儿童身心健康教育与服务

学校和社区对家长应开展必要的青春期教育和性教育，帮助他们加强与未成年子女的沟通，密切注意孩子的身心变化，全面履行监护职责。如果一个孩子突然发生了人格变化或者出现恐惧、焦虑、抑郁等问题，并且有饮食和睡眠障碍，应当及早带孩子去专业机构进行心理和医学的诊断。

儿科医生可以在体检中发现儿童被性虐待、性侵害的身体迹象。性侵犯特别容易造成女童的身体损伤，特别是性器官受损，甚至有怀孕和感染性疾病的风险。医疗机构应提供服务，帮助这些女童避孕和防治性病的感染。

社会工作者、心理咨询师和医疗专业人员，要指导未成年人受害者不要在受侵害后立即冲洗身体、排尿或更换衣服，要协助警方收集犯罪证据。心理援助人员应立即启动心理危机干预程序。

　　在此后的案件审理和追诉过程中，心理援助人员必须明白，应当采取各种措施对未成年人受害者实施特别保护和采取保密措施，避免受害者受到精神上的"二次伤害"。

# 第六部分　睡眠和进食问题

## 案例1　为什么我总是睡不着
### ——一则有睡眠障碍来访者的心理咨询案例

## 一、个案介绍

**基本信息：**张欣欣，女，已婚，56岁，高中学历，退休干部。来访者目前和丈夫居住在一起，与丈夫感情尚可，丈夫经常晚饭后陪来访者出门散步。儿子一年前结婚，儿子与儿媳居住在临近的小区。儿子和儿媳妇非常孝顺，每天晚上到来访者这边吃晚饭。

**对来访者的初始印象：**来访者身高1.60米左右，胖瘦适中，面色红润，气色不错，不像长期失眠的面容。

**求助的主要问题：**睡眠不好有十多年，半年前失眠情况加重，上床后一至两个小时才能入睡，容易惊醒，多梦。白天出现头部紧绷、发木发麻的感觉。希望通过心理咨询能尽快改善睡眠，消除头部紧绷、发木发麻的感觉。

**来访者自诉：**"自一年前儿子结婚搬出去住后，丈夫开始几乎每天都出去下棋，经常至半夜才回来。来访者要等到丈夫回来后才能入睡。半年前开始，即使丈夫回家后，来访者也无法入睡，有时候彻夜难眠。与丈夫争吵，丈夫答应一周出去两三次，晚上10点前回家。即使如此，来访者也无法正常入睡，上床后辗转反侧一个多小时才能入睡，其实也没想什么事情。睡眠质量也不行，睡眠浅，容易惊醒，醒来之后再也睡不着。常常做噩梦。我觉得所有的问题都是我丈夫晚上回来迟引起的，只要他下班的时候打电话说晚上要和朋友下棋，我就担心今天晚上要睡不好，果然就睡不好。晚上睡不好，第二天会出现头痛、头晕、头胀、疲乏、健忘、心慌、易激动、情绪烦躁、记忆力下降、食欲不振等情况。我知道不让他出门是不可能的，我希望我不再害怕睡不着。"

**成长史和重要事件：**"我兄弟姐妹四人，排行第三，一个哥哥、一个姐姐和一个妹妹。父亲是一个工厂里的中层干部，母亲是教师，从来访者小时候起，父母对来访者要求特别严格，尤其是母亲。父亲性格较温和，母亲比较强势，家里都是母亲说了算。小时候家里很穷，都是靠母亲精打细算维持生活，但比一般家庭生活过得幸福。母亲对大哥大姐很偏爱，妹妹比我小10岁，母亲也很疼爱她。为了照顾妹妹，我差点没能上学，还是父亲坚持，我才得以继续上学，上到高中毕业。在我们那个年代，高中生不多，尤其是女孩子，所以我一直很感激父亲。记忆中父母总是很忙，根本没空管我们，我在学校受了委屈，回家也不敢和父母说。我小时候特别懂事，但胆子也小。记得有一次，我的一本新作业本被同学偷了，怕母亲骂我，不敢说，只好和老师说没带作业本，那几天天天提心吊胆的，生怕妈妈知道，骂我不小心。后来我用家里的鸡蛋换了钱，买了一本新作业本，心情才好一些。上初中时，学校离家特别远，走路要将近一个小时才能到学校，住校要交住宿费和伙食费，为了不给家里增添负担，我每天都回家住，早出晚归，天蒙蒙亮就要出发，那时候社会治安不好，同学们大多住校，我路上没有同伴，心里特别害怕，路上总是担心有坏人跟着我。爸爸每天给我一毛钱坐公交车，我舍不得花都省下来，到放假的时候交给母亲。高中毕业后，我参加招工考试进了一家国有企业，效益还不错。经人介绍，认识了现在的丈夫，他人很老实，那时追我追得紧，一年后我们就结婚了，婚后第二年有了我儿子。我大哥顶父亲的职，大姐也是家人帮忙找的工作。小妹高中复读了两年考上了大学。大哥在单位改制后下岗，在外面打零工，虽然都有了孙子，现在还靠母亲补贴生活。大姐过得也不好，10年前离婚了，现在在家给女儿带孩子。小妹在外地工作，经济条件不错，逢年过节才回老家看望母亲。父亲在三年前突发中风去世，母亲现在脾气好很多，我有空就去陪她，但总觉得和她亲近不起来。

"我现在退休了，丈夫还在上班，不愁吃不愁穿，儿子和儿媳妇工作都不错，对我们也很孝顺。我生病后，丈夫中午还是在单位吃饭，儿子怕我孤单，中午都要赶回来陪我吃饭，晚上儿子和儿媳妇都回来陪我吃饭。"

**以往咨询经历**：来访者以往身体健康，一个月前曾去某医院心理科就诊，被诊断为"失眠症"，开药后服用几天自行停药（药名不详）。一周前，来访者儿子致电本咨询中心，预约第1次咨询。咨询当天，来访者由其丈夫陪伴至咨询中心。

来访者对咨询半信半疑，之前未接受过心理咨询，这次是在儿子和丈夫的强烈要求下前来咨询。

## 二、咨询过程和结果

### （一）咨询设置

心理咨询每周1次，50分钟/次，咨询前签订协议，告知保密原则、来访者及心理咨询师的权利和义务、请假、迟到等相关设置，取消或者更改时间需提前24小时通知。

### （二）咨询目标

来访者希望消除对失眠的担心，改善睡眠，缓解身体不适症状，希望夫妻关系融洽。通过心理动力学方法帮助来访者理解其问题的成因；采用认知行为疗法，改变来访者和睡眠相关的错误认知，改变来访者的生活方式，重建睡眠和生活节律。一共进行了10次咨询。

### （三）咨询方法及过程

咨询初期，收集资料，建立关系，确定咨询目标和咨询方案。咨询中期，倾听、共情，鼓励来访者宣泄。通过认知行为疗法，处理来访者与睡眠相关的自动思维和中间信念。进一步探索来访者的防御机制、理解并处理失眠带来的继发性获益。咨询结束，处理分离焦虑，预防复发。评估疗效，总结反馈。

心理咨询师运用心理动力学理论寻找来访者问题的成因：其无意识中通过躯体化的防御机制，获得了丈夫和儿子更多的关心，即继发性获益，继发性获益使其症状持续并强化。处理与儿子的分离焦虑。与来访者讨论退休给其带来的影响，让其充分表达对衰老和死亡的恐惧。并且让来访者表达出对丈夫出去应酬的担心，不仅是担心其应酬伤身体，而且担心其在外面应酬有出轨的可能，在咨询的初期，来访者是不愿承认这一点的。采用认知的方法，帮助来访者改变其一些错误的认知，如"我必须要保证每晚都睡好""丈夫出去应酬，就是不关心我"。采用放松训练等方法，帮助来访者缓解焦虑情绪，放松身心，改善睡眠。和来访者一起制订日常的行为计划，如找好友聊天、锻炼、养花、跳舞、练瑜伽、上老年大学等，丰富来访者的生活，来访者的幸福感不断提升，最终达到预期目标。

**（四）咨询效果**

咨询过程总体顺利，来访者改变的动力较强。通过认知行为疗法处理来访者与睡眠相关的自动思维和中间信念。进一步探索来访者的防御机制、理解并处理失眠带来的继发性获益。同时，处理来访者相关的自动思维、中间信念以及核心信念，最终达到预期目标。咨询结束时，来访者与丈夫的关系改善，焦虑情绪缓解，能理解自己躯体化的防御机制，睡眠基本恢复正常。来访者的咨询目标已达成。

疗效的评估主要来自来访者的自我评价：

①失眠症状大大缓解。从最初只能睡 2～3 个小时到现在能睡 5～6 小时；

②对睡眠问题不再纠结。能睡就睡，顺其自然，头胀、麻木等症状基本消失，不再担心睡不着；

③学会了自我调整，无法入睡时就起床看书，困了就继续上床。合理安排一天的生活；

④改变了行为处事方式，学会向丈夫和母亲适当表达情绪和需求；

⑤理解了童年的经历与现在焦虑情绪之间的关系（长期被忽视，安全感缺乏以及小时候母亲严厉的养育方式）；

⑥理解了自身的性格与失眠的关系（强迫，爱钻牛角尖，容易焦虑）；

⑦理解了失眠的维持与现在继发性获益之间的关系。

## 三、讨论和反思

### （一）来访者的主要问题

来访者曾经在某医院心理科就诊，被诊断为"失眠症"。失眠症是一种以失眠为主对睡眠质量不满意的状况，其他症状均继发于失眠，包括入睡困难、睡眠不深、易醒、多梦早醒、再睡困难、醒后不适、疲乏感、白天困倦。这是临床上最多见的睡眠障碍。来访者经常抱怨他不能入睡或者很容易醒来，白天没有精力、容易兴奋，对家庭生活和社会生活不感兴趣，并因此而影响了他的生活质量和社会功能。

诊断失眠症首先应排除各种躯体疾病或其他疾病所伴发的症状。焦虑症以入睡困难为主，抑郁症常表现为顽固性的早醒。由于来访者对失眠的严重程度往往有估计过重的倾向，因此对失眠的诊断既要考虑对睡眠不足的体验等主观标准，也要考虑客观标准。如入睡时间大于30分钟，实际睡眠减少（小于6小时），觉醒时间增多（大于30分钟），快速眼动睡眠期相对增加，可根据多导睡眠图结果来判断。非器质性失眠症诊断需要考虑的问题：①主诉是入睡困难、难以维持睡眠还是睡眠质量差？②睡眠紊乱是否每周至少发生三次并持续一个月？③有日夜专注于失眠并过分担心失眠的后果吗？④对睡眠量或质的不满意引起明显的苦恼影响了社会和职业功能吗？

虽然来访者以睡眠问题就诊，但很显然，她的问题不仅是睡眠障碍那么简单。从动力学的角度来说，她潜意识中有通过睡眠问题来转移其对衰老和死亡的恐惧、对更年期性魅力丧失的不安、对子女离家导致的分离焦虑等一系列问题。

### （二）导致来访者问题的主要影响因素

引起失眠的原因复杂多样，任何可引起大脑中枢神经兴奋性增加的因素都可能成为失眠的原因。常常与环境，行为方式，躯体、神经或精神疾病，心理因素，年龄，服用药物、酒精、咖啡等有关。同时，来访者的失眠常常不是因为一种原因，从现实生活中来看，精神因素引发失眠较为常见。

1. 环境因素

居住环境嘈杂、住房拥挤、卧具不舒适、空气污染或者突然改变睡眠的环境，噪声、强光的刺激，气温的过冷或者过热以及蚊虫的侵扰都会影响睡眠而出现失眠。

2. 行为方式

不良的生活习惯，如睡前饮茶、吸烟等，经常日夜倒班工作以及长期夜间作业，流动性工作如出差等，都会使睡眠规律改变而引发失眠。此外，生活无规律、入睡不定时、过度娱乐以及跨时区的时差反应等，均可引起体内生物钟节奏的变化而出现失眠。另外，饮食过饥过饱、疲劳、兴奋等，也可能引起失眠。

3. 躯体、神经或精神疾病

任何躯体的不适均可导致失眠，不少疾病会引起失眠。失眠往往是一种表象，其背后常常隐藏着其他疾病。如神经衰弱、精神分裂症、情感性疾病、过敏性疾病、中枢神经系统疾病、高血压、泌尿生殖系统疾病、呼吸系统疾病、心血管疾病等。

4. 心理因素

精神因素是引起失眠的主要原因。生活和工作中的各种不愉快事件导致的焦虑、忧愁、过度兴奋、愤怒，持续的精神创伤导致的悲伤、恐惧等，均可引起失眠或者加重失眠。多数失眠者因为工作压力大、过于疲惫、思虑过多而影响睡眠，来访者就是因过分关注自身失眠问题而不能保证正常的睡眠，有时即使睡着了也是多梦易醒，出现恶性循环。

5. 年龄因素

失眠与年龄密切相关，年龄越大越容易失眠。老年人入睡时间往往较长，加上夜尿多、睡眠浅、易醒等原因，老年人失眠的发生率比年轻人要高得多。

6. 服用药物、酒精、咖啡等

能引起失眠的药物有平喘药、安定药、利尿药、强心药、中枢兴奋药等。另外，长期服用安眠药，一旦戒断会有戒断症状。饮酒也影响睡眠深度。咖啡或茶都有提神醒脑的作用。如果过量饮茶，特别是浓茶，会使饮茶者的中枢神经系统及全身兴奋。

在此案例中，来访者的失眠与年龄因素、心理因素有关。年龄因素：来访者56岁，逐步进入老年，睡眠质量不高。心理因素：担心性魅力的丧失，退休引起的社会适应障碍；儿子结婚离家，来访者生病后的继发性获益。

从来访者的早年经历得知，其早年的依恋需要未能满足；婚后丈夫未能成为依恋对象，儿子出生后，儿子成为其依恋对象，但儿子结婚后依恋对象离开，来访者继而转向丈夫，但其丈夫不愿成为来访者的依恋客体。退休不久，加之即将进入老年期，对衰老、死亡有着强烈的恐惧。来访者父亲的突然离世；儿子离家，适应障碍；性魅力的丧失，担心老公出轨，这些都是导致来访者失眠的主要因素。

**（三）如何处理来访者的问题**

**1. 养成良好的睡眠习惯**

改变白天的生活方式。例如，避免使用咖啡因和尼古丁等兴奋剂；保持有规律的作息习惯，制订白天的活动计划。睡前喝点牛奶。只在睡觉时上床，一旦20分钟后不能入睡，就离开床。睡前几小时内不要锻炼或参加剧烈的活动。减少卧室的噪音和灯光等。

**2. 祛除病因**

对各种原因引起的失眠，首先要针对原发因素进行处理。积极治疗各种导致失眠的躯体疾病，对病因、治疗等方面给予耐心解释，可以消除患者因为对疾病的不了解而引发的焦虑、恐惧，随着躯体疾病的好转，睡眠会得以改善。未发现来访者有明显的器质性病理因素，更年期激素的改变可能是其睡眠问题的生理性因素之一。

**3. 药物治疗**

治疗失眠的常用药物主要是苯二氮卓类药物（如：阿普唑仑、艾司唑仑、氯硝西泮、劳拉西泮等）和非苯二氮卓类药物（如：佐匹克隆和唑吡坦等）。扎来普隆等新药也开始用于临床。这些药物起效快、半衰期短、对生理睡眠影响小、药依赖性低和不良反应少。心理科医生给来访者开了一些药物，但来访者担心药物的副作用，并未使用。

**4. 心理治疗**

单纯用药物来改善睡眠的缺陷和局限性是明显的。研究证明，一些针对失眠的心理疗法会比其他方法更有效。对本案例中的来访者，心理咨询师从动力学的视角理解来访者，咨询中主要采用了认知行为疗法。

（1）认知行为疗法。

认知行为疗法是通过一定的技术手段并加强训练，使来访者弃除不良的行为，重新建立健康的睡眠方式。本案例采用了刺激控制技术，主要目的是帮助来访者建立快速入睡和卧室与床之间的条件反射联系，其策略是减少影响睡眠的活动，其具体操作如下：①只有感到困倦时才上床；②卧室和床只能用来睡觉和进行性生活，不可进行其他活动，例如看书、看报、看电视、吃东西和思考；③若发现超过20分钟不能入睡，则起床到另外的房间，直到有睡意再回卧室；④每天早晨按时起床，保持良好的睡眠习惯；⑤白天睡眠时间不宜过长，尽量避免日间小睡。

认知疗法的主要目标是改变来访者对睡眠的不合理信念和态度。部分失眠来访者存在下列一些不合理的认知：①不切实际的睡眠期望（如每天我必须睡8小时以上）；②对造成失眠原因的错误看法（如我的失眠完全是因为体内某些化学物质不平衡所致）；③过分夸大失眠的后果（如果失眠，我就完蛋了等）。心理咨询师希望通过认知矫正、对不合理信念的挑战、认知重构等技术改变来访者对睡眠的不合理认知，使来访者建立"自己能够有效应付睡眠问题"的信心。在治疗中常用矛盾意向法。矛盾意向法是让来访者有意识地努力加剧症状的一种方法。其理论假设是：来访者在有意进行某种活动中改变了自己对该行为的态度，态度的变化使原来伴随该行为出现的不适应的情绪状态与该行为脱离开。为了减少失眠者因很想入睡而产生的期待性焦虑，让他们由原来总想尽快入睡改为有意让自己不要急于入睡，时间长久而没有受到伤害，不再害怕不睡，焦虑、恐惧就会减轻，入睡自然容易。

放松训练包含多种不同的技术，如渐进式肌肉放松、生物反馈、意象联想、冥想等。放松治疗的基本目的是进入一种广泛的放松状态，而不是要直接达到特定的治疗目的。

（2）对来访者无意识冲突的处理。

①进一步收集家庭和夫妻关系方面的资料。探讨来访者害怕老公出去应酬与父亲中风猝死间的联系，父亲就是在应酬的酒桌上中风发作而猝死的；

②认识消极暗示的负面影响：丈夫晚上八点还没回家——紧张——想到

"今晚肯定睡不好"——埋怨丈夫——真的失眠；

③帮助来访者思考她的防御机制："转移""躯体化"以及继发性获益；

④退休带来的无价值感，衰老带来的对性魅力丧失的恐惧及对死亡的焦虑；

⑤讨论失眠带来的继发性获益，但来访者暂时不想放弃获益。

（3）对来访者亲密关系的处理。

①行为指导：当丈夫出现来访者希望的行为时，及时表扬老公；对丈夫表达自己的真实感受，不再压抑；生活调节（上老年大学、跳广场舞、与朋友出去玩）；

②接受子女长大离家的事实，处理分离焦虑；

③重建安全感：哀悼过去未得到的母爱，意识到母亲对自己严格也有好处，让自己早一点成熟、能干，从而从内心接纳母亲。

**（四）反思**

心理咨询师在咨询中特别注意到来访者的继发性获益问题。自从来访者生病后，为了照顾来访者，儿子现在不管多忙，中午一定赶回家陪来访者吃饭，来访者丈夫的应酬也大大减少。

在咨询中，探究其症状的继发性获益时来访者出现阻抗，心理咨询师耐心等待，并不直接点破。直到第7次咨询，来访者和心理咨询师调侃：我不要那么快好，好了，他们就没那么关心我了。心理咨询师和来访者相视一笑，咨询出现转机。咨询结束时，来访者的焦虑情绪缓解，睡眠基本正常，与丈夫关系改善，最终达到预期目标。

咨询的成功与以下几个因素有关：①建立了良好的咨询关系；②来访者具备强烈的咨询动机；③来访者有较好的认知领悟能力；④来访者行为训练的主动性较好；⑤有一定的社会支持。

在本案例中，来访者的继发性获益问题比较明显。在临床实践中，对有继发性获益的来访者，如果来访者暂时不愿放弃躯体化等的防御机制，可暂时不要打破其防御机制，等待适当时机进行面质和讨论。

**专栏1：继发性获益**

　　继发性获益（Secondary gain）是指利用症状操纵或影响他人，从而得到实际利益。它与原发的或由疾病本身的获益相对应，后者指在症状的形成过程中使焦虑和冲突下降。

　　如一个人生病了，按一般的思路，这是一件坏事，因为这意味着当事人不能继续参加工作，意味着丧失部分正常功能……但同时，还会出现意想不到的可能性，如生病后可以免于工作和学习的压力，有利于恋人关系的恢复，能得到亲人、同事的关心，即为继发性获益。

　　继发性获益与原发性获益的区别：如果患者所得到的利益是和该症状直接相关的，则为原发性获益。例如一个躯体形式障碍的女性患者，潜意识中通过各种躯体不适的方式释放焦虑、抑郁等不良情绪，情绪方面的症状减轻了，此为原发性获益；和该症状间接相关的益处则为继发性获益，如上述例子中躯体形式障碍的女性患者，自从她生病后，天天晚归的丈夫回到家庭，对她照顾得无微不至。患者通过症状得到了丈夫的额外关注属于继发性获益。

　　有时候，虽然在病人的意识层面并不希望通过疾病得到好处，他们对自己得病会感到担心和痛苦，但是如果出现在疾病之后的一些继发性结果是病人潜意识中所期待的，还是属于"继发性获益"的范畴，因为在某种意义上，患者的潜意识中已经感觉到：这种获益的期望已经强烈到必须生病的程度了。

　　资料来源：

　　http://www.psychspace.com/psych/viewnews-1714.

# 案例2　为什么我总是感觉吃不饱

## ——一则贪食问题来访者的心理咨询案例

## 一、个案介绍

　　**基本信息：**小敏，女，22岁，未婚，大三，某艺术院校学生。来访者为独生女，其父母均为高中老师。

　　**对来访者的初始印象：**身高1.65米左右，偏瘦，胳膊和腿特别纤细。皮肤暗黑，扎了一个马尾辫，头发稀疏。长相可爱，说话语速较快，倾诉的欲望很强烈，显得很焦虑。

**求助的主要问题：** 在正常食量以后，仍然有一种无法遏制的冲动，需要不停地食用水果、零食等，直到腹胀难忍才停止。吃过以后又很内疚，害怕长胖，不得不在大量的进食后马上催吐。"我也知道我现在一点也不胖，甚至还偏瘦。我希望能够正常吃东西，不多吃，也不要多吃了以后再吐，但就是控制不住。"

**来访者自诉：** "我自小就蛮胖的，被人叫作小胖，那时候也不觉得有什么不好，只要学习好，老师和家长都喜欢我，同学也很羡慕我。高一时喜欢班上的一个男生，向他写纸条表白，被无情拒绝，特别伤心。我认为，他之所以不喜欢我是因为我太胖了，所以我暗暗下定决心减肥。开始偷偷晚上不吃饭，因为是住校，妈妈也不知道，不然要被她骂死。妈妈对我要求特别严格，不许我出去玩，放假也不许，整天就唠叨我要好好学习。我有一次借了一本言情小说回家看，妈妈大发雷霆，把书从楼上扔下去了。我现在上大学了，放假和同学出去玩，也要征得她的同意，还要经常向她汇报地点。减肥的时候，高二慢慢瘦下去，同学说我变得好看了，我挺高兴的，可是那个男生还是对我很冷淡。（笑）。后来我就变得很自卑，学习成绩也下降了，最后只考上了一所艺术学校。

"第一次催吐大概是高中的时候吧，高中学习很紧张，有一天下晚自习以后真的很饿，就买面包和蛋糕吃，特别喜欢吃甜的东西。那晚一发不可收拾，总觉得没吃饱，就吃了许多许多，是常人的2～3倍，吃过以后很撑，怕胃会撑坏，还担心长胖，就想吐一点出来，吐过后心里好受一些。从那以后，只要我一个人吃饭，我就会吃很多很多，然后再吐出来，平均每个星期都要这样折腾4～5次，真的很痛苦。

"我知道自己现在太瘦了，不需要减肥，也用不节食，然后就吃得很多，吃过后又难受，吐出来才好受一些。我现在每天的生活除了吃饭，特别有规律，每天早上六点准时起床，跑步、练形体，然后就到教室看书。只有这种特别自律的生活才让我的自卑感减轻一些。我也没有朋友，感觉挺孤独的。月经不正常，3～4个月才来一次。

"妈妈要求我每天晚上都要给她打电话，报告我一天的生活，我以前很反感她这样，但又没办法，不答应她，她就要闹。妈妈老说我上的大学不好，一定要我考研究生，考一个好学校。有一次放假在家，我吃饭后催吐，被她看见了，她着急了，带我去看医生，现在她对我也没那么凶了。

"我的食量到底有多大？一次晚餐的食量：一碗面条（2两面条，一个鸡蛋）的正常饮食后，吃了5块小蛋糕、2盒饼干（每盒200克），喝了2瓶蜂蜜水（每瓶250毫升）。吓人不？我这几个月差不多都是这样，特别是周末不上课又无所事事的时候。吃饭对我来说是一种伴随着痛苦的事情，毫无快乐和享受，我知道吃的那些东西很快就要吐出来，所以吃什么都无所谓了，有时候一边流泪一边拼命往嘴巴里面塞吃的。

"不过也有控制比较好的时候，当我哪一天没有浪费时间，看了不少书，用我妈妈的话说没有虚度光阴的时候，我就能正常吃饭，而且吃得很健康，蔬菜、水果、主食搭配得很均衡，卡路里也不超标。这时，我的心情会特别好，但可能没过一两天，又突然坠入一种空虚中，身体会强烈渴求食物，又会胡吃海喝，而且吃得大多是汉堡、薯片等垃圾食品，边吃边告诉自己，这是最后一块，可总是要到胃撑得受不了才能停下来。接下来又会失控自责，恐惧变胖，只好一次次催吐，吐了以后，胃里轻松了，心情又会变得特别沉重。

"我吃得多，吃方面的开销很大，我的生活费总是不够用，我只好尽量不买衣服，同龄女孩喜欢的护肤品和包包我都不敢奢望，所以我在我们这种艺术院校里面显得另类，也没有男孩追求我。唉，我这么糟糕，谁会喜欢我，我可能要孤独终老了。"

**成长史和重要事件**：来访者是独生女，足月顺产，小学和初中学习成绩很好。父母对其学习要求特别严格，尤其是母亲。只要来访者考试没考到前三名，回家就要挨骂。不许来访者看课外书，不许在吃穿方面和同学攀比。高中时在父母工作的重点中学读书，感觉压力特别大，母亲经常告诫来访者不要给她丢脸，而来访者的成绩偏偏直线下降。高二时，母亲让来访者转艺术生，临时去学绘画，以便能考上重点大学，谁知高考还是失败，只能上一所普通艺术学校，母亲为此很生气。

**以往咨询经历**：来访者的母亲先电话联系心理咨询师，心理咨询师建议来访者面谈，三天后来访者主动就诊。来访者咨询前曾去过本地一家三甲医院心理科就诊，被诊断为"进食障碍——贪食症"，医生建议其接受定期的心理咨询。

## 二、咨询过程和结果

### （一）咨询设置

面对面心理咨询每周1次，50分钟/次，收费300元/次。咨询前签订协议，告知保密原则、来访者及心理咨询师的权利和义务、请假、迟到等相关设置，取消或者更改时间需提前24小时通知。

### （二）咨询目标

①正常进食；②情绪稳定，不再有暴食的冲动；③集中精力学习。

### （三）咨询方法及过程

心理咨询师主要从心理动力学的视角去理解来访者问题形成的原因及过程，通过建立咨询联盟来达成让来访者参与咨询的目的，帮助来访者认识到自己在亲密关系中的控制与反控制的不良模式，探讨早期客体关系是如何导致该模式形成的。运用认知疗法，改变来访者非适应性的认知图式。适当运用强化法、示范法等行为方法，矫正其不良行为，增加来访者适应性行为的频率，截稿前，来访者一共进行了25次咨询。

咨询初期，主要是收集来访者的资料，建立咨询关系，商定咨询目标和咨询方案。咨询中期，进一步了解来访者的个人成长史及家庭情况，以探索其亲密关系的模式。通过对移情和反移情的处理，使来访者内化了咨询关系，迁移到日常生活中，并帮助来访者用新的适应性模式代替非适应性模式。

### （四）咨询效果

经过25次咨询，来访者反馈暴食和催吐次数大大减少，10天内只发作过一次，食量趋于正常，偶有暴食，也能控制不催吐，而是通过慢跑促进其消化。情绪趋于稳定，内疚感减轻，能接受自己偶尔的暴食行为。咨访双方对咨询效果较满意。

由于来访者去外地实习，商定实习结束后继续咨询。实习期间自我调整，必要时进行网络咨询。

# 三、讨论和反思

## （一）来访者的主要问题

神经性贪食症也可称之为贪食症。是以频繁发生和不可控制的暴食为特点，继而有防止体重增加的代偿行为，如自我诱吐、使用泻剂或利尿剂、禁食等。

此案例中的来访者以频繁发生和不可控制的暴食为特点，继而有防止体重增加的代偿行为，如自我诱吐。造成暴食行为是来访者对进食的失控感，即不存在饥饿感的时候却迫使自己吃大量食物。暴食之后，来访者会采用一些不适当的行为以防止体重增加。来访者在短时间内进食量是常人的2～3倍，同时伴有对食物的渴求和失控感。

贪食症患者和厌食症患者一样，一般也存在对"肥胖"的过度恐惧，很看重自己的体重和体形。贪食者并不像厌食者那样表现出明显的体像障碍，而对自己的体形有相对较现实的评判。来访者承认自身的体重偏轻的事实，希望能正常进食，保持正常体重。

贪食症比厌食症常见，约90%为女性。贪食症的发病年龄多为15～29岁，平均发病年龄为18～20岁，且通常在节食一段时间后发生，多数患者曾有神经性厌食病史或肥胖病史。一般认为，贪食症较厌食症的长期预后好，恢复率高。但是，许多患者在恢复期后还留有部分异常进食行为。

## （二）导致来访者问题的主要影响因素

### 1. 生物学因素

研究认为，一系列生物学异常伴随贪食症和厌食症而出现。这些异常会导致机体对某种食物的渴望增加，或使机体对饥饿感及饱腹感的认知存在障碍，从而导致进食障碍的发生。此案例中，来访者的贪食行为与生物学因素是否有关，目前不得而知。

### 2. 社会文化因素

进食障碍多发与不同时期不同文化背景下女性美的标准比较吻合，当社会上最富有、最具影响力的人们倡导苗条时，进食障碍就渐渐多发了。

节食和减肥的更重要原因是人们想变得更有吸引力，身材苗条的女人被认为有女人味，更具有吸引力。肥胖的女性被认为是没有魅力的，女性在某种程度上改变自己的行为而屈从于社会对她们的要求。一般来说，女性进食障碍的患病率也远比男性高，这种性别差异在很大程度上反映出女性以瘦为美的价值观。某些特殊的职业如模特、演员，罹患进食障碍的风险较高。

来访者是艺术院校学生，大多数学生比较在意外在的形象，对身材的要求较高。在青春期，"瘦就是美，瘦了就能得到男神的喜欢"的错误认知，使来访者对瘦的追求达到极致，想吃而不敢吃的矛盾冲突，使之陷入了"暴食——内疚，怕胖——催吐——暴食"的循环中。

3. 人格因素

有关进食障碍患者人格的某些研究与心理动力学一致，进食障碍患者普遍有低自尊，即顺从、压抑以及追求完美的人格特质。对此案例中的来访者来说，完美主义表现得最为典型。她认为这与从事教师职业的父母对她一贯的高标准、严要求有关，他们经常拿别人的优点和她的缺点来比，所以她做什么父母都不满意。她考了99分，母亲会说，"你怎么不努力一点考100"；她考了第一，母亲会说，"你看人家第二名多谦虚，考得那么好，也不吭声，不像你咋咋呼呼的"。在永无止境的比较中，来访者总觉得自己"不够好""不够努力"。高考的失败让她懂得，无论她怎么努力，她都没办法在学习上让母亲开心，那她就要在生活上自律，保持一个完美的身材。

4. 家庭因素

进食障碍患者与家庭特征有关，进食障碍患者及其父母存在刻板、严谨、情感过分参与、批评性评论、充满敌意等人格特点，经过咨询后患者的家庭关系得到改善。来访者的自我价值感较低，觉得不如别人，以前引以为荣的成绩好的优势丧失后，希望通过瘦和美提高自己的自尊和自信，而对食物的失控让其更加沮丧；妈妈对来访者也有长期的控制，情感侵入。

**（三）如何处理来访者的问题**

1. 药物治疗

此类患者常有一些情绪困扰，在治疗中需要使用抗抑郁剂。该类药物能够减少患者暴食发作的频率。目前，常用的药物有选择性5-HT再摄取抑制剂，如氟西汀、西酞普兰。来访者咨询期间未用药物。

### 2. 认知行为疗法

心理咨询师让来访者监测暴食和催吐发作时的错误认知，用关于体重及体形的恰当认知来代替错误认知。行为方面，来访者要养成一日三餐的习惯，改变其进餐导致肥胖的错误思维。该疗法与药物疗法相比，短期内疗效相当；长期看来，该疗法更有利于防止复发。来访者有过很多次错误认知：我无法控制对食物的渴求；吃过以后如果不吐掉，我就会变成一个大胖子。纠正其错误认知，提供关于营养及减肥的正确信息。行为方面，让来访者尽量避免单独进食，有他人在场，她便不好意思吃许多；避免买零食；控制生活费。

### 3. 人际关系疗法

与来访者讨论和进食行为有关的人际关系问题，帮助来访者积极解决这些问题。讨论与人交往时的讨好迎合却压抑愤怒的模式，鼓励其温和地表达情绪。

### 4. 家庭治疗

如前所述，进食障碍患者与家庭特征有关。从结构式的家庭治疗理论来看，与厌食症的家庭一样，贪食症患者家庭的特征有：僵化、纠缠、冲突和过度保护。纠缠和僵化主要是指家庭的界限不清。界限不清容易出现亲子关系问题，比如案例中的来访者上大学了，妈妈要求来访者每天晚上都要给她打电话，这是典型的界限不清。它可能提供一种亲密感，青少年对侵入往往会有一种本能的反抗。来访者一方面跟妈妈很亲密，另一方面又有冲突，彼此间有"相爱相杀"的关系。僵化指的是界限缺乏弹性，亲子之间要有界限，但是同时界限是需要有弹性的。在本案例中，贪食症患者的家庭里有很多僵化的模式：比如说妈妈要求她只能考第一，考第二就是前途堪忧，这都是父母对孩子过高的僵化的期待。这种僵化的期待会让来访者对自己的要求非常高。本案例中的来访者回避冲突的行为也比较明显，来访者明明知道妈妈要求其每天晚上都要给她打电话的要求不合理，但因为害怕妈妈闹，就回避冲突，只好按妈妈的要求去办。但回避冲突时，就通过其他方式转移，如进食问题。过度保护在此案例中也表现得很明显，来访者已经20岁了，放假和同学出去玩也要征得她的同意，而且要随时查岗，美其名曰怕她出事。

家庭治疗最直接的方法就是，当家庭成员之间呈现以上的纠缠、僵化、冲突、过渡保护的关系模式的时候，就在家庭面前呈现这个模式，把这个模式活现出来，让家庭成员意识到模式的存在，并且意识到模式与来访者的问题之间的关联。你呈现出来这个模式，然后被他们接受了之后，他们就会考虑重新调整家庭成员之间的关系。心理咨询师会和家庭成员一起讨论如何去调整和界定他们的边界。推动来访者从纠缠的家庭结构里面分化出来，同时也是在提醒她放弃"疾病"这个武器，鼓励她找到新的比较健康的武器。另外，会与来访者着重讨论疾病获益（妈妈开始关心她的身体，而不是只盯着来访者的学习）的另一面，就是她虽然获得了妈妈的关心，但是自己因此付出的代价是什么。

**（四）反思**

1. 咨询中要注意厌食症与贪食症的鉴别

多数贪食症是厌食症的延续，一些人几个月或几年前是厌食症，接下来就变成贪食症，主要矛盾从厌食转变为贪食。因为两者是延续的，所以它们的性别和年龄分布比较类似，也有比较相似的病理心理机制。如何鉴别厌食症和贪食症？详见专栏1。

---

**专栏1：如何鉴别厌食症和贪食症？**

如何鉴别厌食症和贪食症？

**第一，症状不同。**

厌食症多见于青少年女性。其特征表现是：患者对肥胖有病态的恐惧，对苗条身材有过分的追求，并出现体像障碍，不断地故意限制饮食，可能采取过度运动、引吐、导泻等方法，目的是使体重降至明显低于正常的标准，最终发展为严重的食欲不振。患者的自我评价完全以自身体重及食量情况为转移，而且因饥饿导致的严重营养不良会产生一系列躯体问题。厌食者有明显的体像障碍和认知歪曲，常过分担心发胖，甚至已经明显消瘦仍自认为太胖，即使医生多次解释也无效。厌食症的预后不佳，在所有心理障碍中死亡率最高。

贪食症患者和厌食症患者一样，也存在对"肥胖"的过度恐惧，很看重自己的身材和体重，对自己的身材和体重不满，不断地想要减肥。贪食者并不像厌食者那样表现出明显的体像障碍，而对自己的体形有相对较现实的评判。贪食症患者的体重往往有很大的波动。且他们的体重下降不如厌食症患者那么明显，他们的体重往往是正常的，有时还轻度超重。

---

第二，预后不同。

贪食症的死亡率较厌食症低，所以厌食症的诊断"优于"贪食症。因为厌食症重度营养不良会出现各种并发症，有更高的死亡率。病人死亡的原因：一是由于极度营养不良导致多器官衰竭致死，通俗地说是饿死的；二是他们在长期的厌食之后会出现抑郁，抑郁自杀也是死亡的原因。

贪食症的死亡率较厌食症低，其并发症可能会有强度的营养不良。如长期呕吐导致牙釉质腐蚀，胃肠道和泌尿系统并发症；缓泻剂滥用也有一系列并发症，如低血钙、肌痉挛、骨质疏松、皮肤色素沉着、低血镁、水钠潴留、吸收不良综合征、肠功能紊乱等。

贪食症远比厌食症常见，一般认为，贪食症较厌食症的长期预后好，恢复率高。但是，许多患者在恢复期后还留有部分异常进食行为。

第三，治疗效果及难度不同。

厌食症是一种难治性精神障碍，其一是病人缺乏治疗动机。患者一般直到极度营养不良、出现医学危象或家属担心时才会求治。通常是由父母带来治疗的，他们不认为自己有问题，所以他们会拒绝治疗，否认疾病，否认危险性。父母越要让他们吃饭，他们就越觉得父母是在控制他们。其二是，目前临床上厌食症没有特效药。抗抑郁剂以及抗精神病药在一定程度上可以改善患者的情绪和思维，其他包括认知行为疗法、家庭治疗等。目前，无法断定何种方法最为有效，治疗厌食症需要多种手段的联合应用。相对来说，贪食症的求助动机更为强烈，来访者一般主动求助，治疗效果相对较好。

资料来源：

1. 刘新民. 变态心理学[M]. 北京：人民卫生出版社，2013：236-237.

2. 壹心理：http://www.xinli001.com/info/100367355.

## 2. 从心理动力学角度解读贪食症

贪食症是进食障碍的一种，精神分析学家倾向于把进食障碍看作是情感冲突的反应，认为进食障碍的核心诱因是扰乱的亲子关系，其核心的人格特征为低自尊和完美主义。患者通过严格限制进食，使身体消瘦，通过节食来将身体发育停留在青春期前状态，来避免性成熟及性关系。有专家认为，贪食症女性患者是在形成充分自我意识过程中受挫所造成的，食物变成了这种失败关系的象征，女性的暴饮暴食和催吐分别象征了对母亲的需要和对这种需要的拒绝。

心理学家张海音认为，进食问题与控制、自尊密切相关。

控制，即进食障碍者会把问题聚焦在对食物摄入的控制上，从表面上看是控制饮食和体重，其实是弥补生活当中缺失的东西，控制的其实是自己的内心。用这种方式来建立所谓的特殊状态。因为身体来源于父母，吃饭是为了对得起他们的养育。从这个角度来理解，通过催吐排除有害的侵入是指：不希望我是被别人支配的。吃与不吃是与父母争取控制主动权的问题，也就是说一个人在生活的其他方面太没有掌控感了，只有通过对进食权的控制才能获得自我掌控感。"怎么吃"被赋予了太多意义：自己有无价值，能否很好地掌控局面，是否完美。贪食或经常发作性的暴食，会让病人感觉对欲望失去了控制，从而极度自卑，体验到无能感、沮丧甚至绝望。

一个人如果没有一定的自恋也谈不上有自尊，而自恋超过一定的度，就会防御内在的自卑。自尊的本质在于：我到底是什么样的人？我想成为什么样的人？如何调整两者之间的差距，这是调整人内在的自尊感非常重要的部分。

进食和自尊有什么关系？内心深处自尊缺乏、自卑，有时会让部分人通过大量进食来自我抚慰；也可以让人通过控制进食、过度运动、控制体重来补偿和抵消自尊缺乏、自卑的感觉，并获得掌控感和无所不能感，但过度了就是障碍，反而会影响健康。对进食或体重的失控（反弹）会引发沮丧和自卑，进一步又会引发用大量进食来抵消沮丧感，进入恶性循环。

获得自尊的渠道，建设性的方法是接近自己的内在小孩，那个渴望被看到和关注、渴望被肯定和回应的内在小孩。内心的自我察觉和接纳，建立在对自己当下各种体验和状态的真实接纳的基础之上。

经过25次咨询，咨访双方对咨询效果较满意。

咨询效果基本满意与以下几个因素有关：①建立了良好的咨询关系；②来访者具备强烈的改变动机；③来访者坚持进行自动思维记录；④认真做行为练习。

# 第七部分　心理咨询(治疗)中的特殊问题

## 心理咨询（治疗）中的伦理问题

"来访者A，无意间发现相恋8年的女友与他人有染，痛苦万分，告知心理咨询师，没脸活在世上，临死前想要剁了那对狗男女，希望心理咨询师能为他保密，心理咨询师该怎么办？"

"一位妈妈来找心理咨询师，说孩子不想上学，劝他来找心理老师，可孩子拒绝，希望心理咨询师能在周末参加一个家庭宴会，在饭桌上观察一下孩子的问题是否严重，心理咨询师是否要答应？"

"心理咨询师的领导的夫人有抑郁症，该领导请心理咨询师为其咨询，心理咨询师该如何回应？"

"一名来访者经济非常困难，常年治疗花去了大量的金钱，她找到心理咨询师希望为其免费咨询，心理咨询师该怎么回应？"

"心理咨询师推测来访者可能有人格障碍，给来访者做MMPI测验，来访者发觉题目太多，要赶着回家，要求把问卷带回家，心理咨询师是否应该答应？"

"一位女性来访者对其男性心理咨询师说，这一年来，你给了我很大的帮助，我的问题差不多好了，可我发觉我爱上你了，你愿意接受我的爱吗？"

上述情境涉及诸多伦理问题，给心理咨询师带来很多困扰，如果处理不当，甚至会给咨访双方带来不同程度的困扰，甚至可能会造成无法挽回的严重后果。

心理咨询（治疗）是一项专业的助人工作，行业目前在初步发展阶段。基于心理咨询这一行业本身的特殊性，以及整个行业机制与体系不够成熟和完善，心理咨询与治疗人员的专业水平和职业道德素养良莠不齐，在职业伦理问题上表现得尤为明显。心理咨询（治疗）能够行之有效的前提和关键，除了心理咨询（治疗）师具备必要的专业理论知识和扎实的专业操作技能外，咨访双方还需要建立相互信任的咨询关系，而这种关系必须有一定的伦理准则为保证。因此，心理咨询（治疗）师必须遵循相关的伦理学原则，正确处理工作实践中遇到的各种伦理问题，才能正确履行专业职责。

什么是伦理？心理咨询（治疗）伦理的内涵是什么？心理咨询（治疗）中核心的伦理要求有哪些？伦理与法律有什么区别？

伦理是指个人或团体的价值观念或行为准则。

（1）医学伦理的四大基石是不伤害、行善、自主和公平。

不伤害、行善、自主和公平原则衍生出一系列的成分，如诚实、守信、保密等。"不伤害"原则主要体现为在咨询过程中不让患者的身心受到伤害。医学伦理考虑更多的是对身体方面的伤害，而心理咨询还要考虑到是否对患者的心理造成伤害。"行善"原则是指任何临床决策都应当以患者利益最大化为准则。尤其是家属或患者的选择明显不利于患者本人时，要与其进行沟通。沟通的出发点就是要考虑患者的真正利益，以此为基本准则。什么是患者的真正利益所在？是当患者的自主权和健康权发生冲突时，如果患者在疾病状态下认识不到自己有病，而且此疾病又非常需要药物的控制和干预，需要有程序正义加以平衡，临床实践中主要体现为非自愿医疗。因为是违背患者意愿实施的干预，一定要有严谨的程序设定来保证干预没有违背患者的最大利益，而且应有一定的救济措施，即在确实影响了患者利益后，可以通过救济措施来取得一定程度的纠正。"自主"原则主要是指尊重患者拥有自愿的、不受外界干扰或免受不需要的干扰而做出个人选择的权利。当患者自我决定的能力严重缺失甚至丧失时，也应当从患者利益最大化出发，代替患者做决定。这种情况下一定要有严格的限制条件，如对患者的病情、决策能力的判断，程序的设定等。这就是《精神卫生法》中的"自愿"原则，即任何一位精神障碍患者在发病期，其决定都是以自愿作为基本原则，非自愿一定是属于其中的特例情形，有严格条件限制。在临床实践中，"自主"原则主要体现为知情同意，其主要内容包括：一是提供给患者的信息一定是充分的，让其知晓；二是建立在患者有充分理解能力的基础之上，即患者是一个有决策能力的人；三是患者的知情同意一定是自愿、自主的，而不是被强迫或诱导的。"公平"原则要求以公平合理的态度对待每位患者、患者家属和公众。因为精神科的很多处置，尤其是非自愿医疗，往往考虑更多的是维护患者家属的合法权益，甚至考虑的是维护公众不受患者骚扰的权益，而忽视了患者个人的利益。但是换一个角度讲，对患者进行非自愿医疗也是在现有的医疗条件下更好地保护患者健康的权益。传统上在保护患者个人利益方面，医生或患者家属多考虑其健康权而不考虑其自主权。所以对公平的理解应该是以公平合理的态度对待每位患者、患者家属和公众的利益。

（2）心理咨询（治疗）中核心的伦理要求。

在心理咨询（治疗）中，核心的伦理要求主要体现在以下四个方面：第一，恰当的资质和质量。心理咨询（治疗）师应有恰当的资质和质量，根据自身知识技能和专业限定的范围，为不同的服务对象提供适宜而有效的专业服务，避免对其造成伤害。如果现有技能不能满足服务对象的需要，应当及时转介。第二，恰当的咨询（治疗）关系。要求尊重服务对象，尤其是服务对象的人格尊严。应按照专业的伦理规范与服务对象建立良好的关系，把握咨询界限，鼓励其成长和发展，不能在咨询（治疗）关系之外与服务对象发展或保持其他的人际关系或社会关系。第三，尊重自主权。在服务开始和服务过程中，应首先让服务对象了解服务工作的目的、过程、相关技术、局限性及自身权益等相关信息，而且在征得服务对象口头或书面同意以后才能提供相关服务，这就是尊重自主权。第四，保护隐私权。未经服务对象许可，其个人隐私的内容和范围均不得泄露，法律法规和专业伦理规范另有规定的除外。

其他与伦理相关的问题：①对心理测量结果的解释，这受心理咨询（治疗）师自身专业能力和专业知识的影响比较大，同时也受其自身社会观念、社会价值的影响，所以在做解释时可能会多多少少掺杂这些因素。②双重忠诚，尤其是在为第三方服务时，如做司法鉴定，服务的对象可能是委托方，如公安机关、检察院、法院等，但是作为专科医生，又要为患者服务，这就是双重忠诚。又如在面临疾病上报的时候，对患者忠诚的同时也要对社会忠诚。③收费也会面临诸多伦理困境，如定价、欠费的处理等。④职业耗竭的处理。"职业耗竭"是心理咨询（治疗）师自身的心理问题，把自己社会方面的一些问题带到工作中去。当然，还有其他很多个性化的问题，包括与患者的性关系、恋爱关系等，这些问题都涉及伦理。

伦理与法律的区别主要体现在三个方面：①伦理回答什么是"应该"的，所以常说"什么事是合乎伦理要求的"；而法律往往回答什么是"不应该"的，所以常说"某某事是违反法律规定或法律标准的"。②伦理是理性的权衡和判断，什么事情可以做、什么事情不可以做，不是绝对的，可能在这当中要做理性的权衡和判断，以选择一个更好的做法，所以伦理没有最好，只有更好；而法律是一个底线的规定，什么事情是不能做的，它就是一条红线，完全不能逾越。③伦理是倡导性的，如果违反了伦理的准则，往往会采用谴责、批评的方式；而法律是强制性的、刚性的，法律要求的必须做，法律禁止的绝对不能做，所以一旦触犯了法律红线，就要受到处罚和制裁。在实际临床和心理咨询（治疗）工作中，更多依据的是伦理的要求和准则，而不是法律的规定。

心理咨询（治疗）服务必须以伦理原则为先导，以法律为保障，解决伦理"两难"问题没有标准答案，力争当前"最合理的解决"，感知到"两难"并因此产生犹豫和权衡是选择正确做法的开端。

心理咨询（治疗）的伦理准则涉及哪些具体范畴？违规后需要接受哪一种处罚？目前，国内心理学界还没有形成一个统一的认识，也没有一个专门机构来判定心理咨询（治疗）师的职业操守。中国心理学会临床与咨询心理学专业机构与专业人员伦理守则制定工作组历时数年，制定了《中国心理学会临床与咨询心理学工作伦理守则》，作为本学会临床与咨询心理学注册心理师的专业伦理规范以及本学会处理有关临床与咨询心理学专业伦理申诉的主要依据和工作基础。随着该学会临床与咨询心理学注册心理师和注册督导师的专业性得到了社会各界越来越广泛的认可,《中国心理学会临床与咨询心理学工作伦理守则》相应地也成为绝大多数心理咨询(治疗)师自觉遵守的伦理守则。

2007年1月,中国心理学会临床与咨询心理学专业机构与专业人员伦理守则制定工作组编写的《中国心理学会临床与咨询心理学工作伦理守则》(第一版)正式出台,为提升心理咨询(治疗)专业服务的水准,保障寻求专业服务者和心理师的权益,增进民众的心理健康、幸福和安宁,促进和谐社会的发展做出了重要的贡献。但我国的心理咨询(治疗)在近10年经历了快速的发展和变革,出现了一些新的伦理议题,因此,临床心理学注册工作委员会对第一版《中国心理学会临床与咨询心理学工作伦理守则》进行了修订,第二版经中国心理学会通过于2018年7月正式实施,见专栏1。

---

**专栏1:《中国心理学会临床与咨询心理学工作伦理守则》(第二版)**

《中国心理学会临床与咨询心理学工作伦理守则》(第二版)和《中国心理学会临床与咨询心理学专业机构和专业人员注册标准》(第二版)是由中国心理学会授权临床心理学注册工作委员会在《中国心理学会临床与咨询心理学工作伦理守则》(第一版)和《中国心理学会临床与咨询心理学专业机构和专业人员注册标准》(第一版)基础上修订而成的。

本守则的目的是揭示临床与咨询心理学工作是具有教育性、科学性与专业性的服务工作,促使心理师、寻求专业服务者以及广大民众了解心理咨询(治疗)工作专业伦理的核心理念和专业责任,借此保证和提升心理咨询(治疗)专业服务的水准,保障寻求专业服务者和心理师的权益,增进民众的心理健康、幸福和安宁,促进和谐社会的发展。本守则亦作为本学会临床与咨询心理学注册心理师的专业伦理规范以及本学会处理有关临床与咨询心理学专业伦理投诉的主要依据和工作基础。

**总则**

善行:心理师的工作目的是使寻求专业服务者从其提供的专业服务中获益,心理师应保障寻求专业服务者的权利,努力使其得到适当的服务并避免伤害。

责任:心理师在工作中应保持其服务的专业水准,认清自己专业的、伦理的及法律的责任,维护专业信誉,并承担相应的社会责任。

诚信:心理师在工作中应做到诚实守信,在临床实践、研究及发表、教学工作及宣传推广中保持真实性。

---

公正：心理师应公平、公正地对待自己的专业工作及相关人员，采取谨慎的态度防止自己潜在的偏见、能力局限、技术限制等导致的不适当行为。

尊重：心理师应尊重每位寻求专业服务者，尊重个人的隐私权、保密性和自我决定的权利。

### 1. 专业关系

心理师应尊重寻求专业服务者，按照专业的伦理规范与寻求专业服务者建立良好的专业工作关系，这种工作关系应以促进寻求专业服务者的成长和发展，从而增进其利益和福祉为目的。

1.1 心理师应公正对待寻求专业服务者，不得因寻求专业服务者的年龄、性别、种族、性取向、宗教信仰和政治态度、文化、身体状况、社会经济状况等任何方面的因素而歧视对方。

1.2 心理师应充分尊重和维护寻求专业服务者的权利，促进其福祉。心理师应当避免伤害寻求专业服务者、学生或研究被试；如果伤害可预见或可避免，心理师应在对方知情同意的前提下尽可能避免，或将伤害降到最小；若伤害无法预见或不可避免，心理师应尽力使伤害降至最低，或在事后设法补救。

1.3 心理师应依照当地政府要求或本单位的规定恰当收取专业服务的费用。心理师在进入专业工作关系之前，要对寻求专业服务者清楚地介绍和解释其服务收费的情况。

1.4 心理师不得以收受实物、获得劳务服务或其他方式作为其专业服务的回报，以防止冲突、剥削、破坏专业关系等潜在的危险。

1.5 心理师须尊重寻求专业服务者的文化多元性。心理师应充分觉察自己的价值观，了解自己的价值观对寻求专业服务者可能的影响，并尊重寻求专业服务者的价值观，避免将自己的价值观强加给寻求专业服务者，不替对方做重要决定。

1.6 心理师应清楚地认识自身所处位置对寻求专业服务者的潜在影响，不得利用对方对自己的信任或依赖剥削对方，为自己或第三方谋取利益。

1.7 心理师要清楚地了解多重关系（例如与寻求专业服务者发展家庭的、社交的、经济的、商业的或者密切的个人关系）对专业判断可能的不利影响及损害寻求专业服务者福祉的潜在危险，尽可能避免与寻求专业服务者发生多重关系。在多重关系不可避免时，应采取专业措施预防可能带来的影响，例如签署正式的知情同意书、告知多重关系可能的风险、寻求专业督导、做好相关记录，以确保多重关系不会影响自己的专业判断，并且不会对寻求专业服务者造成危害。

1.8 心理师不得与当前寻求专业服务者或其家庭成员发生任何形式的性或亲密关系，包括当面和通过电子媒介进行的性或亲密的沟通与交往。心理师也不得给与自己有过性或亲密关系的人做心理咨询或心理治疗。一旦关系超越了专业界限（例如开始发展性或亲密关系），应立即采取适当措施（例如寻求督导或同行建议），并终止专业关系。

1.9 心理师在与某位寻求专业服务者结束心理咨询或治疗关系后,至少三年内不得与该寻求专业服务者或其家庭成员发生任何形式的性或亲密关系,包括当面和通过电子媒介进行的性或亲密的沟通与交往。在三年后如果发生此类关系,要仔细考察该关系的性质,确保此关系不存在任何剥削、控制和利用的可能性,同时要有明确可被查证的书面记录。

1.10 当心理师和寻求专业服务者存在除性或亲密关系以外的其他非专业关系时,如果可能对寻求专业服务者造成伤害,心理师应当避免与其建立专业关系;与朋友及亲人间无法保持客观、中立,心理师不得与他们建立专业关系。

1.11 心理师在心理咨询与治疗工作中不得随意中断工作。当心理师出差、休假或临时离开工作地点外出时,要尽早向寻求专业服务者说明,并对已经开始的心理咨询或治疗工作进行适当的安排。

1.12 心理师认为自己的专业能力不能胜任为寻求专业服务者提供专业服务,或不适合与寻求专业服务者维持专业关系时,应在和督导或同行讨论后,向寻求专业服务者明确说明,并本着为寻求专业服务者负责的态度将其转介给合适的心理师。转介时应向接受转介的心理师介绍自己对该寻求专业服务者已经进行的工作,并将转介情况做书面记录。在将寻求专业服务者转介或转诊至其他专业人士或机构时,心理师应在寻求专业服务者知情同意的前提下与接任的专业人士联络以提供必要的信息。

1.13 当寻求专业服务者在心理咨询与治疗中无法获益,或继续咨询与治疗会受到伤害时,心理师应当终止这种专业关系。心理师若受到寻求专业服务者或与其有关人士的威胁或伤害,或寻求专业服务者拒绝按协议支付专业服务费用时,可以终止专业服务关系。

1.14 在本专业领域内,不同理论学派的心理师应相互了解和相互尊重。当心理师开始服务时,如果知晓寻求专业服务者已经与其他同行建立了专业服务关系,而且目前没有终止或者转介时,应建议寻求专业服务者继续在同行处寻求帮助。

1.15 心理师应认识到与心理健康服务领域的同行(包括精神科医师、精神科护士、社会工作者等)的交流和合作会影响对寻求专业服务者的服务质量。心理师应与心理健康服务领域的同行建立积极的工作关系和沟通渠道,以提高对寻求专业服务者的服务水平。

1.16 在某一机构中从事心理咨询与治疗的心理师未经机构允许,不得将自己在该机构中的寻求专业服务者转介为自己个人接诊的来访者。

1.17 当心理师将寻求专业服务者转介至其他专业人士或机构时,不得因此收取任何费用,心理师也不得向第三方支付与转介相关的任何费用。

1.18 收受礼物时,心理师应清楚了解寻求专业服务者赠送礼物对专业关系的影响。心理师在决定是否收取寻求专业服务者的礼物时需要考虑以下因素:专业关系、文化习俗、礼物的金钱价值、赠送礼物的动机以及心理师决定接受或拒绝礼物的动机。

**2. 知情同意**

寻求专业服务者可以自由选择是否开始或维持一段专业关系,且有权充分了解关于专业工作的过程和心理师的专业资质及理论取向。

2.1 心理师应确保寻求专业服务者了解心理师与寻求专业服务者双方的权利、责任,明确介绍收费的设置,告知寻求专业服务者享有的保密权利、保密例外的情况以及保密的界限。心理师应认真记录评估、咨询或治疗过程中有关知情同意的讨论。

2.2 当寻求专业服务者询问下列相关事项时,心理师应当告知:(1)心理师的资质、所获认证、工作经验以及专业工作理论取向;(2)专业服务的作用;(3)专业服务的目标;(4)专业服务所采用的理论和技术;(5)专业服务的过程和局限性;(6)专业服务可能带来的好处和风险;(7)心理测量与评估的意义,以及测验和结果报告的用途。

2.3 在与被强制要求接受专业服务的人员工作时,心理师应当在临床工作开始时与其讨论保密原则的强制界限及相关依据。

2.4 一旦得知寻求专业服务者同时接受其他心理健康服务领域专业工作者的服务时,心理师可以根据工作需要,在征得寻求专业服务者的同意后,联系并与他们进行沟通,以更好地为寻求专业服务者提供服务。

2.5 心理师只有在得到寻求专业服务者书面同意的情况下,才能对心理咨询或治疗过程进行录音、录像或教学演示。

**3. 隐私权和保密性**

心理师有责任保护寻求专业服务者的隐私权,同时明确认识到隐私权在内容和范围上受到国家法律和专业伦理规范的保护和约束。

3.1 心理师在心理咨询与治疗工作中,有责任向寻求专业服务者说明工作的保密原则,以及这一原则应用的限度。在专业服务开始时,应告知保密原则及保密的例外情况并签署知情同意书。

3.2 心理师应清楚地了解保密原则的应用有其限度,下列情况为保密原则的例外:(1)心理师发现寻求专业服务者有伤害自身或伤害他人的严重危险;(2)未成年人等不具备完全民事行为能力的人受到性侵犯或虐待;(3)法律规定需要披露的其他情况。

3.3 在遇到3.2中(1)和(2)的情况时,心理师有责任向寻求专业服务者的合法监护人、可确认的潜在受害者或相关部门预警;在遇到3.2中(3)的情况时,心理师有义务遵守法律法规,并按照最低限度原则披露有关信息,但须要求法庭及相关人员出示合法的正式文书,并要求法庭及相关人员注意对专业服务相关信息的披露范围。

3.4 心理师对专业工作的有关信息(如个案记录、测验资料、信件、录音、录像和其他资料)应按照法律法规和专业伦理规范在严格保密的前提下创建、保存、使用、传递和处理。心理师可告知寻求专业服务者个案记录的保存方式,相关人员(例如同事、督导、个案管理者、信息技术员)有无权限接触到这些记录等信息。

3.5 心理师因专业工作需要在案例讨论或教学、科研、写作等工作中采用心理咨询或治疗的案例时,应隐去可能会辨认出寻求专业服务者的相关信息。

3.6 心理师在教学培训、科普宣传中，应避免使用完整案例，如果其中有可被辨识出身份的个人信息（如姓名、家庭背景、特殊易识别的成长或者创伤经历、体貌特征等），须考虑保护当事人的隐私。

3.7 如果对寻求专业服务者的服务是由团队提供的，应在团队里确立保密原则，只有在确保寻求专业服务者隐私的情况下才能讨论其相关信息。

**4. 专业胜任力和专业责任**

心理师应遵守法律法规和专业伦理规范，基于科学研究，在专业界限和个人能力范围内以负责任的态度开展评估、咨询、治疗、转介、同行督导、实习生指导以及研究工作。心理师应不断更新专业知识，提升专业胜任力，促进个人身心健康水平以更好地满足专业工作的需要。

4.1 心理师应在自己专业能力范围内，根据自己所接受的教育、培训和督导的经历和工作经验，为适宜人群提供科学有效的专业服务。

4.2 心理师应规范执业，遵守执业场所、机构、行业的制度。

4.3 心理师应关注保持自身专业胜任力，充分认识继续教育的意义，参加专业培训，了解在专业工作领域内新知识及新进展，在必要时寻求专业督导。缺乏专业督导时，应尽量寻求同行的专业帮助。

4.4 心理师应关注自我保健，警惕自己的生理和心理问题对服务对象造成伤害的可能性，必要时应寻求督导或其他专业人员的帮助，限制、中断或终止临床专业服务。

4.5 心理师在工作中需要介绍和宣传自己时，应实事求是地说明自己的专业资历、学历、学位、专业资格证书、专业工作等情况。心理师不得贬低其他专业人员，不得以虚假、误导、欺瞒的方式宣传自己或所在机构或部门。

4.6 心理师应承担必要的社会责任，鼓励心理师为社会提供自己部分的专业工作时间做低经济回报、公益性质的专业服务。

5. 心理测量与评估

心理测量与评估是咨询与治疗临床工作的组成部分。心理师应正确理解心理测量与评估手段在临床服务工作中的意义和作用，考虑被测量者或被评估者的个人特征和文化背景，恰当使用测量与评估工具来促进寻求专业服务者的福祉。

5.1 心理测量与评估的目的在于促进寻求专业服务者的福祉，心理测量与评估的使用不应该超越服务目的和适用范围，心理师不得滥用心理测量或评估。

5.2 心理师应在接受过心理测量的相关培训并具备适当的专业知识和技能之后，方可实施相关测量或评估工作。

5.3 心理师在利用某测验或使用测量工具进行计分、解释时，或使用评估技术、访谈或其他测量工具时，应根据测量的目的与对象，采用自己熟悉的、已经在国内建立并证实了信度、效度的测量工具。如果没有可靠的信度、效度数据，需要对测验结果及解释的说服力和局限性做出说明。

5.4 心理师应尊重寻求专业服务者对测量与评估结果进行了解和获得解释的权利，在实施测量或评估之后，对测量或评估结果给予准确、客观、可以被对方理解的解释，避免其对测量或评估结果的误解。

5.5 未经寻求专业服务者的授权，心理师不得向非专业人员或机构泄露其相关测验和评估的内容与结果。

5.6 心理师有责任维护心理测验材料（指测验手册、测量工具和测验项目等）和其他评估工具的公正、完整和安全，不得以任何形式向非专业人员泄露或提供相关测验或评估不应公开的内容。

**6. 教学、培训和督导**

从事教学、培训和督导工作的心理师应努力发展有意义的和值得尊重的专业关系，对教学、培训和督导持真诚、认真、负责的态度。

6.1 心理师从事教学、培训和督导工作的目的是促进学生、被培训者或被督导者的个人及专业的成长和发展，以增进其福祉，教学、培训和督导工作应有科学依据。

6.2 心理师从事教学、培训和督导工作时应呈现多元的理论立场，让学生、被培训者或被督导者有机会做比较，并发展自身的立场。督导者不得把自己的理论取向强加于被督导者。

6.3 从事教学、培训和督导工作的心理师应基于其教育训练、被督导经验、专业认证及适当的专业经验，在胜任力范围内实施教学、培训和督导。从事教学、培训和督导工作的心理师有义务不断加强自己的专业能力和伦理学习。督导者在督导的过程中遇到困难情况时，也应主动寻求专业督导。

6.4 从事教学、培训和督导工作的心理师应熟练掌握专业的伦理规范，并提醒学生、被培训者或被督导者承担专业伦理责任和遵守伦理规范。

6.5 从事教学、培训工作的心理师应在课程设置和计划上采取适当的措施，确保教学及培训能够提供适当的知识和实践训练，达到教学目标或颁发合格证书的要求。

6.6 担任培训任务的心理师应清楚地向学生或被督导者说明自己与实习场所督导者各自的角色与责任。

6.7 担任培训任务的心理师在举办培训项目时，要有明确的培训大纲和恰当的教学方式，培训的宣传信息应实事求是，不应夸大或具有欺骗性。心理师及主办机构应有足够的伦理敏感性，有责任采取必要的措施保护被培训者个人隐私或其他福祉。心理师作为培训项目负责人时，应当为该培训项目提供足够的支持和保证，并能承担相应的责任。

6.8 担任督导工作任务的心理师应向被督导者说明督导的目的、过程、评估方式及标准，告知督导过程中可能出现的紧急情况、中断与终止督导关系等的处理方法。心理师应定期评估被督导者的专业表现，并在训练方案中提供反馈，避免因被督导者的限制而影响寻求专业服务者的福祉。在考评过程中，心理师应采取实事求是的态度，诚实、公平、公正地给出评估意见。

6.9从事教学、培训和督导工作的心理师应审慎评估其学生、被培训者或被督导者的个体差异、发展潜能及能力限度,应对其不足给予适当的关注,必要时给予发展或补救的机会。对不适合从事心理咨询或治疗的专业人员,应建议对方重新考虑职业发展方向。

6.10担任教学、培训和督导任务的心理师有责任设定清楚的、适当的和具文化敏感度的关系界限,不得与学生、被培训者或被督导者卷入心理咨询或治疗关系;不得与其发生亲密关系或性关系;不得与有亲属关系或亲密关系的专业人员建立督导关系,以避免对学生、被培训者、被督导者潜在的剥削或伤害。

6.11从事教学、培训或督导工作的心理师应对自己在与学生、被培训者或被督导者的关系中存在的优势有清楚的认识,不得以工作之便利用对方为自己或第三方谋取私利。

6.12担任教学、培训或督导任务的心理师应帮助自己的学生、被培训者或被督导者知晓:寻求专业服务者有权了解提供心理咨询或治疗的学生、被培训者或被督导者的资质;学生、被培训者与被督导者若在教学、培训和督导过程中使用有关寻求专业服务者的信息,应事先取得寻求专业服务者的同意。

6.13担任教学、培训或督导任务的心理师对自己的学生、被培训者或被督导者在心理咨询或治疗中违反伦理的情形应保持敏感,若发现此类情形应与学生、被培训者或被督导者进行认真讨论,并以保护寻求专业服务者的福祉为前提及时处理,对情节严重者担任培训或督导工作的心理师有向本学会伦理部门举报的责任。

### 7. 研究和发表

提倡心理师进行科学研究,以促进对专业领域中相关现象的了解和改善,为专业领域做出贡献。心理师在以人为被试进行科学研究时,应遵守相应的研究规范和伦理准则。

7.1心理师在从事研究工作时若以人作为研究对象,应尊重人的基本权益,遵守相关法律法规、伦理准则以及人类科学研究的标准。心理师应对被试的安全负责,采取措施避免对其造成躯体、情感或社会性伤害,防范被试的权益受到损害。若研究需要得到相关机构的伦理审批,心理师在开始研究之前,应该提交具体的研究方案以供伦理审查。

7.2心理师在从事研究工作时,应征求被试的知情同意。若被试没有能力做出知情同意,应获得其法定监护人的知情同意。应向被试(或其监护人)说明研究的性质、目的、过程、方法、技术、保密原则及局限性,被试可能体验到的身体或情绪痛苦及干预措施,预期获益、补偿,研究者和被试各自的权利和义务,研究结果的传播形式及其可能的受众群体等。心理师或研究团队中应有专人负责解答被试提出的涉及研究程序的任何疑问。

7.3 免知情同意仅限于以下情况:(1)有理由认为不会对被试造成痛苦或伤害的研究,包括(a)正常教学实践研究、课程研究或在教学背景下进行的课堂管理方法研究;(b)仅用匿名问卷、以自然观察方式进行的研究或文献研究,其答案没有使被试触犯法律、损害其财务状况、职业或声誉的风险,且隐私得到保护;(c)在机构背景下进行的工作或机构效能相关因素研究,该研究不会对被试的职业造成危险,且隐私得到保护;(2)法律、法规或机构管理规定允许的研究。

7.4 被试在参与研究过程中有随时撤回同意和不再继续参与研究的权利,并不会因此受到任何惩罚,而且在适当的情况下应获得替代咨询、治疗干预或处置。心理师不得以任何方式强制被试参与研究。当干预或实验研究需要控制组或对照组时,在研究结束后,应对控制组或对照组成员给予适当的处理。只有确信研究对被试无害而又必须进行该项研究时,才能使用非自愿被试。

7.5 心理师不得用隐瞒或欺骗手段对待被试,除非这种方法对预期的研究结果是必要的,且无其他方法可以代替。在研究结束后,必须向被试做出适当的说明。

7.6 禁止心理师与当前被试发生性或恋爱方面的互动或关系,包括线下与线上的互动与关系。

7.7 心理师在撰写研究报告时,应将研究设计、研究过程、研究结果及研究的局限性等做客观和准确的说明和讨论,不得采用或编造虚假不实的信息或资料,不得隐瞒与研究预期、理论观点、机构、项目、服务、主流意见或既得利益相悖的结果。如果在已发表的研究中发现重大错误,应通过更正、撤销、勘误或其他合适的出版方式予以纠正。心理师应在研究报告呈现或发表时进行必要的利益冲突声明。

7.8 心理师在撰写研究报告时,应注意为被试的身份保密(除非得到被试的书面授权),同时注意对相关研究资料予以保密并妥善保管。对于结果的讨论不应伤害到被试的福祉。

7.9 心理师在发表论文或著作时不得剽窃他人的成果。心理师在发表论文或著作中引用其他研究者或作者的言论或资料时,应注明原著者及资料的来源。

7.10 心理师在需要使用研究参与者、寻求专业服务者、学生或受督导者的个人信息作为报告或发表出版的案例时,只有当研究参与者、寻求专业服务者、学生或受督导者已经查看过材料并书面同意,或确保隐匿了其可辨识信息的情况下,方可使用。

7.11 对于全文或文中重要部分已登载于某一期刊的论文或已出版著作,心理师不得在未获原出版单位许可的情况下再次投稿;同一篇稿件或主要数据相同的稿件不得同时向两家或多家期刊投稿。

7.12 当研究工作由心理师与其他同事或同行一起完成时,心理师发表论文或著作应以适当的方式注明其他作者,不得以自己个人的名义发表或出版。对所发表的研究论文或著作有特殊贡献者,应以适当的方式给予郑重而明确的声明。在任何媒介上,若所发表的文章或著作的主要内容来自学生的研究报告或论文,心理师应取得学生许可,并将其列为主要作者之一。

7.13 心理师在审阅用于学术报告、文章发表、基金申请或研究计划的材料时,应尊重其保密性和知识产权。心理师应审阅在自己能力范围内的材料,并尽力避免审查工作受个人偏见影响。

8. 远程专业工作(网络/电话咨询)

心理师有责任告知寻求专业服务者远程专业工作的局限性,让寻求专业服务者了解远程专业工作与面对面专业工作的差异。寻求专业服务者有权选择是否在接受专业服务时使用网络/电话咨询。提供远程专业工作的心理师有责任考虑到相关议题,应遵守相应的伦理规范。

8.1 心理师使用网络/电话提供专业服务时,除了常规的知情同意外,还需要帮助寻求专业服务者了解并同意下列信息:(1)远程服务所在的地理位置、时差和联系信息;(2)应用远程专业工作的益处、局限和潜在风险;(3)发生技术故障的可能性,以及发生故障时的处理方案;(4)无法联系到心理师时的应急处理程序。

8.2 心理师应告知寻求专业服务者电子记录和远程服务过程在网络传输中保密的局限性,告知寻求专业服务者相关人员(例如同事、督导、个案管理者、信息技术员)有无权限接触到这些记录和咨询过程。心理师应采取合理的预防措施(例如设置用户开机密码、网站密码、咨询记录文档密码等)来保证信息传递和保存过程中的安全性。

8.3 心理师在进行远程专业工作时,需要确认寻求专业服务者的真实身份及联系信息,也需要确认双方在心理咨询时所在的物理位置和紧急联系人的联系信息,以确保在寻求专业服务者出现危急状况时可以采取有效的安全保护措施。

8.4 心理师在使用网络/电话与寻求专业服务者互动提供专业服务的全程,都应采取措施来验证寻求专业服务者身份的真实性,以保证对方是与自己达成协议要服务的对象。心理师应提供自己相关执照、资质和专业认证机构的电子链接,并确认电子链接的有效性以保障寻求专业服务者的权利。

8.5 心理师应明白与寻求专业服务者保持专业关系的必要性。心理师应与寻求专业服务者一起讨论并建立专业界限。当专业关系中的双方有一方认为远程专业工作无效时,心理师则应考虑采用面对面服务。如果心理师无法提供面对面服务,则应帮助对方寻求合适的转介服务。

9. 媒体沟通与合作

媒体沟通与合作中的伦理是指心理师通过公众媒体和自媒体(如电台、电视、报纸、网络等)从事专业活动,或以专业身份开展心理服务(如讲座、演示、访谈、问答等)的过程中,与媒体相关人员合作与沟通中需要遵守的伦理规范。

9.1 心理师及其所在机构在与媒体合作前应与媒体充分沟通,确认合作方对心理咨询与治疗的专业性质和专业伦理有明确的了解,提醒其自觉遵守伦理规范,承担社会责任。

9.2 心理师应在自己专业胜任力范围内,根据自己所接受的教育、培训和督导的经历、工作经验与媒体合作,为不同人群提供适宜而有效的专业服务。

9.3 心理师如果与媒体长期合作,应特别考虑可能产生的专业影响,并与媒体合作方签署包含伦理款项在内的相关合作协议,其中包括合作的目的、双方的权利与义务、违约责任及协议解除。

9.4 心理师应与拟合作的媒体就如何保护寻求专业服务者的个人隐私,商讨有关保密的各项事宜,包括保密限制条件以及对寻求专业服务者信息的备案、利用、销毁等。在此基础上将有关设置告知寻求专业服务者,并告知其媒体传播后可能带来的影响,由其自主决定是否同意在媒体上进行自我暴露及是否签署相关协议。

9.5 心理师通过公众媒体(如电台、电视、报纸、印刷物品、网络等)从事课程、讲座、演示等专业活动或以专业身份提供解释、分析、评论、干预时,应尊重事实,基于恰当的专业文献和实践依据发表言论,言行皆应遵循专业伦理规范,避免给寻求专业服务者造成伤害,防止误导受众。

9.6 心理师在接受专业采访时,应要求媒体如实报道,在文章发表前应经心理师本人审核确认,如发现媒体发布与个人或单位相关的错误、虚假、欺诈和欺骗的信息时,或其发布的报道属断章取义时,应依据有关法律法规和伦理准则要求媒体予以澄清、纠正、致歉,以维护专业声誉,并保障受众利益。

## 10. 伦理问题处理

心理师应在日常专业工作中努力践行专业伦理规范,在专业工作中应当遵守有关法律和伦理规范。心理师应努力解决伦理困境,和相关人员进行直接而开放的沟通,在必要时向督导及同行寻求建议或帮助。

10.1 心理师应当认真学习并遵守伦理守则,缺乏相关知识或对伦理条款有误解都不能成为违反伦理规范的理由。

10.2 心理师一旦觉察到自己在工作中有失职行为或对职责存在误解,应当尽快采取措施改正。

10.3 如果本学会的专业伦理规范与法律法规之间存在冲突,心理师必须让他人了解自己的行为是符合专业伦理的,并努力解决冲突。如果这种冲突无法解决,心理师应当以法律和法规作为其行动指南。

10.4 如果心理师所在机构的要求与本学会的伦理规范有矛盾之处,心理师需要澄清矛盾的实质,表明自己具有按照专业伦理规范行事的责任。心理师应当在坚持伦理规范的前提下,合理地解决伦理规范与机构要求的冲突。

10.5 心理师若发现同行或同事违反了伦理规范,应当予以规劝。若规劝无效,应当通过适当渠道反映其问题。如果对方违反伦理的行为非常明显,而且已经造成严重危害,或违反伦理的行为无合适的非正式的解决途径,心理师应当向本学会的伦理委员会或其他适合的权威机构举报,以保护寻求专业服务者的权益,维护行业声誉。如果心理师不能确定某种特定情形或特定的行为是否违反伦理规范,可向本学会的伦理委员会或其他合适的权威机构寻求建议。

10.6 心理师有责任配合本学会的伦理委员会对可能违反伦理规范的行为进行调查和采取行动。心理师应了解对违反伦理规范的处理进行申诉的相关程序和规定。

10.7本学会的临床心理学注册工作委员会设有伦理工作组,提供与本伦理守则有关的解释,接受伦理投诉,并处理违反伦理守则的案例。

10.8伦理投诉案件的处理必须以事实为根据,以伦理守则的相关条文为处理依据。

10.9对违反伦理守则的行为将按情节轻重给予以下处罚:(1)警告;(2)严重警告,被投诉者必须在指定期限内完成不少于12个学时的专业伦理培训或/和伦理有关部门指定的惩戒性任务;(3)暂停注册资格,在暂停注册资格期间被投诉者不能使用注册督导师、注册心理师或注册助理心理师的身份工作,同时暂停注册心理师的权利(选举权、被选举权、推荐权、专业晋升申请等),必须在指定期限内完成不少于24个小时的专业伦理培训或/和伦理有关部门指定的惩戒性任务,如果不当行为得以改正则由伦理委员会讨论后,取消暂停使用注册资格的决定,恢复其注册资格;(4)永久除名,取消注册资格后,临床心理学注册工作委员会不再受理其重新注册的申请,并保留向相关部门通报的权利。

10.10反对以不公正的态度或报复的方式提出有关伦理问题的投诉。

**附:本守则包含的专业名词定义**

临床心理学(clinical psychology):是心理学的分支学科之一,它既提供相关心理学知识,也运用这些知识理解和促进个体或群体的心理健康、身体健康和社会适应。临床心理学更注重对个体和群体心理问题的研究,以及严重心理障碍(包括人格障碍)的治疗。

咨询心理学(counseling psychology):是心理学的分支学科之一,它运用心理学的知识理解和促进个体或群体的心理健康、身体健康和社会适应。咨询心理学更关注个体日常生活中的一般性问题,以增进个体良好的心理适应。

心理咨询(counseling):指在良好的咨询关系基础上,由经过专业训练并拥有相关资质的心理师运用咨询心理学的有关理论和技术,对有心理困扰的求助者进行帮助,以消除或缓解求助者的心理困扰,促进其心理健康与自我发展的过程;心理咨询更侧重一般人群的发展性咨询。

心理治疗(psychotherapy):指在良好的治疗关系基础上,由经过专业训练的心理师运用临床心理学的有关理论和技术,对有心理障碍的患者进行帮助与矫治的过程,以消除或缓解患者的心理障碍或问题,促进其人格向健康、协调的方向发展;心理治疗更侧重心理疾患的治疗和心理评估。

心理师(clinical and counseling psychologist):本伦理中心理师是指系统学习过临床或咨询心理学的专业知识、接受过系统的心理治疗与咨询专业技能培训和实践督导,正在从事心理咨询和心理治疗工作,并在中国心理学会取得有效注册的督导师、心理师、助理心理师。心理师包括临床心理师(clinical psychologist)和咨询心理师(counseling psychologist)。对临床心理师或咨询心理师的界定依赖于申请者所接受的学位培养方案中的名称界定。

督导师(supervisor)：指正在从事临床与咨询心理学相关教学、培训、督导等心理师培养工作的，且达到中国心理学会关于督导师的有关注册条件要求，并在中国心理学会取得有效注册的资深心理师。

寻求专业服务者：即来访者(client)或精神障碍患者(patient)，或其他需要接受心理咨询或心理治疗专业服务的求助者。

剥削(exploitation)：指个体或团体在违背他人意愿或不知情的情况下，无偿占有他人的劳动成果，或不当利用他人所拥有的各种物质的、经济的和心理上的资源谋取各种形式的利益或得到心理满足。

福祉(welfare)：指寻求专业服务者的健康、利益、心理成长和幸福。

多重关系(multiple relationships)：指心理师与寻求专业服务者之间除心理咨询或治疗关系之外，还存在或发展出其他具有利益和情感联结等特点的人际关系状况。如果除专业关系以外，存在一种社会关系，称为双重关系(dual relationships)。如果除专业关系以外，存在两种或两种以上的社会关系，称为多重关系。

亲密关系(romantic relationship)：指人与人之间所产生的紧密情感联系，主要包括恋人、同居伴侣和婚姻关系等。

远程专业工作(remote counseling)：指通过网络、电话等电子化的方式进行非面对面的心理健康服务的方式。

资料来源：

中国心理学会临床与咨询心理学会专业机构和专业人才注册系统：http://www.chinacpb.org/.

# 心理咨询（治疗）中的法律问题

如果心理咨询（治疗）师的一位来访者自杀死亡，心理咨询（治疗）师会受到指控吗？心理咨询（治疗）师需要承担法律责任吗？心理咨询（治疗）师可以作为专家证人出庭吗？如果这样做会不会给心理咨询（治疗）师带来风险？来访者的心理问题非常严重，心理咨询（治疗）师建议他去医院接受药物治疗，可是医生并未给他开药。心理咨询（治疗）师学过精神科药物的相关知识，建议他去药店买某种药，是否恰当？

心理咨询（治疗）是一项专业的助人工作，需要在法律的框架下进行工作，但它本身有很多特殊性，出于对治疗关系的担忧，心理咨询师在实际工作中往往面临情与法的两难境地。如果心理咨询（治疗）师对相关法律法规的重视程度不够，对相关知识的学习了解不够，在咨询执业活动中过分随意，甚至违反相关法律法规，必然会损害来访者的利益，可能会被诉讼或承担相关的法律责任。

作为一名心理咨询（治疗）师，需要掌握多少法律知识才能为来访者提供适当的服务又避免出问题呢？上述问题是心理咨询（治疗）中常见的法律问题，如何很好地处理以上问题成为法律工作者和心理咨询（治疗）师关注的议题。法律问题需要在法律法规的指导下解决。

目前，我国心理咨询（治疗）行业的法律规范主要是 2012 年出台的《精神卫生法》、2013 年国家卫生和计划生育委员会颁布的《心理治疗规范（2013 年版）》以及部分地方出台的精神卫生条例和办法，但地方法规只对该地域范围内适用，因此本文只介绍《精神卫生法》和《心理治疗规范（2013 年版）》。

《精神卫生法》是为发展精神卫生事业，规范精神卫生服务，维护精神障碍患者的合法权益而制定的。由全国人民代表大会常务委员会于 2012 年 10 月 26 日发布，自 2013 年 5 月 1 日起正式施行。

## 一、《精神卫生法》中与心理咨询（治疗）相关的法律条款及解读

上海交通大学医学院附属精神卫生中心谢斌教授对《精神卫生法》中关于心理治疗、心理治疗从业人员、心理治疗与心理咨询、心理治疗活动的法律规定、心理治疗中核心的伦理要求和伦理技术等进行了解读。合肥市精神卫生中心的李晓驷教授近年来对《精神卫生法》、心理咨询（治疗）师的职业伦理颇有研究。作者结合谢斌教授和李晓驷教授对《精神卫生法》的解读，将其进行了归纳。

第二十三条 心理咨询人员应当提高业务素质，遵守执业规范，为社会公众提供专业化的心理咨询服务。心理咨询人员不得从事心理治疗或者精神障碍的诊断、治疗。心理咨询人员发现接受咨询的人员可能患有精神障碍的，应当建议其到符合本法规定的医疗机构就诊。心

理咨询人员应当尊重接受咨询人员的隐私，并为其保守秘密。

该条款规定了心理咨询人员有义务遵守国家法律法规和行业规范，不断提高业务素质，为大众提供专业服务。

心理咨询人员不得从事心理治疗或者精神障碍的诊断、治疗。对于"心理咨询人员不得从事精神障碍的诊断、治疗"，绝大多数心理咨询师并无异议。而对于"心理咨询人员不得从事心理治疗"，相当多的心理咨询师有困惑，认为心理咨询与心理治疗并无明确的界限。谢斌教授认为，尽管法律并未明确心理咨询和心理治疗服务到底是平行的两个专业，还是相互衔接的两个专业；但从理论上看，心理咨询和心理治疗的相似性远远大于差异性。《精神卫生法》把它们区分为两个不同的领域，从其服务人群、工作场所、处罚措施等方面综合判断，可以认为心理治疗的人员资质必须建立在能够从事心理咨询的基础之上，就是心理治疗可以涵盖心理咨询，但是反过来，心理咨询人员是不能从事心理治疗的，这是法律明确规定的。

心理咨询主要针对的是正常人群，针对处境性的、与环境相关的问题，以问题导向为主，通常为短程的服务，解决特定心理问题。它主要是社会公益性的，如《精神卫生法》要求相关的部门、团体、企事业单位和学校都要为其成员提供心理咨询服务，当然也可以购买服务。所以服务的场所可以是各类机构组织，也可以是志愿者提供的服务场所。心理治疗是针对异常人群的心理干预，主要针对特质性的，也包括与症状相关的问题，它是以目标导向为主，可以是短程的，更多是长程的，属于临床技术服务，只能在医疗机构中开展。精神科医疗则是以精神专科患者为主，以药物治疗为主，针对特质性的问题，主要是症状性的问题，以生物学导向为主，通常为长程服务，也就是精神障碍从急性期、慢性期甚至到社区康复阶段，需要全程提供精神医学服务。三者的边界主要还是按照不同的工作性质和分工来进行相对区分。心理咨询是针对正常人群的心理问题，心理治疗是针对异常人群的心理干预，精神科医疗是针对专科精神障碍患者以药物为主的治疗。

是否能这样认为，按工作权力大小排序，精神科医生大于心理治疗师，心理治疗师大于心理咨询师，所以精神科医生更有权威？其实不能这样简单而论。所谓有法定的权利就有法定的义务。权利越大，需要履行的义务和责任也就越大。精神科医生做出一个疾病的诊断之后，要做临床处置，临床处置带来的就是一系列的伦理责任，甚至包括民事法律责任等。心理咨询师不能做心理治疗，不能做精神障碍的诊断和治疗，法律责任也相应变小。如果心理咨询发生问题，更多的是伦理责任，关于精神医学服务和心理治疗，法律上禁止性的条款较多，其服务的限制较大。而对于心理咨询服务，法律上几乎没有什么禁止性的条款，相对来说，自由度比较大。

"心理咨询人员发现接受咨询的人员可能患有精神障碍的，应当建议其到符合本法规定的医疗机构就诊。"此条也是在心理咨询师的培训中反复强调的转介条件之一，精神障碍应当到有诊治精神障碍的医疗机构就诊。"心理咨询人员应当尊重接受咨询人员的隐私，并为其保守秘密。"是心理咨询中的保密原则，但此条款中未说明保密例外的情形。心理咨询师有义务采取合理的预防性措施为来访者保守秘密，尊重来访者的隐私权和保密权。保密原则不但是由专业学科的特性制定的，还是受法律保护的，仅在特定的法律规定情况下才允许打破保密原则，否则违背专业道德原则的同时，可能还会承担法律责任。

提示：心理咨询人员从事心理治疗或者精神科诊治活动是违法的。

第二十五条　开展精神障碍诊断、治疗活动，应当具备下列条件，并依照医疗机构的管理规定办理有关手续：

（一）有与从事的精神障碍诊断、治疗相适应的精神科执业医师、护士；

（二）有满足开展精神障碍诊断、治疗需要的设施和设备；

（三）有完善的精神障碍诊断、治疗管理制度和质量监控制度。

从事精神障碍诊断、治疗的专科医疗机构还应当配备从事心理治疗的人员。

这里的"机构"不仅指精神病专科医院，也包括综合医院，如果要做精神障碍的诊治活动，都应当有相应的精神科执业医师、护士、设施和设备、管理制度和质量监控制度。从事精神障碍诊断、治疗的专科医疗机构应配备心理治疗人员。心理治疗人员包括精神科医生、心理治疗师。

第二十九条　精神障碍的诊断应当由精神科执业医师做出。

医疗机构接到依照本法第二十八条第二款规定送诊的疑似精神障碍患者，应当将其留院，立即指派精神科执业医师进行诊断，并及时出具诊断结论。

**本条款说明心理咨询师和心理治疗师均不得进行精神障碍的诊断。**

第五十一条　心理治疗活动应当在医疗机构内开展。专门从事心理治疗的人员不得从事精神障碍的诊断，不得为精神障碍患者开具处方或者提供外科治疗。心理治疗的技术规范由国务院卫生行政部门制定。

"心理治疗应当在医疗机构中开展。"说明精神科医生、心理治疗师虽然可以进行心理治疗，但不得在医疗机构以外的场所开展心理治疗。近年来，国家卫生计生委对非医学类心理治疗人员的业务边界、心理治疗技术规范制定权做了一些规定。除了精神科医生以外，也允许一些应用心理学（临床心理学）专业的人员进入到心理治疗队伍中。目前，在医疗机构的心理治疗从业的人员主要有两类：一类是从事临床心理专业工作的精神科执业医师，这类人员比较少；还有一类是在医疗机构内从事心理治疗的心理学专业人员，主要来源于部分医学院校或师范院校的应用心理学专业的毕业生，这部分人员更少，目前是按照技师类进行管理。2015年以前，只有心理治疗师中级职称的全国考试，2015年开始把初级职称考试纳入卫生专业技术职称考试范围内。

本条款只明确了心理治疗的从业地点，心理治疗人员"必须"在医疗机构里开展工作，但是不能够反过来说，心理咨询人员就不能在医疗机构里面开展工作，心理咨询人员其实也可以在医疗机构中开展工作。

"专门从事心理治疗的人员不得从事精神障碍的诊断，不得为精神障碍患者开具处方或者提供外科治疗。"即心理治疗师无权进行精神障碍的诊断，无处方权。"心理治疗的技术规范由国务院卫生行政部门制定。"因此，心理治疗的行业主管部门也就是卫生行政部门。

提示：从事心理治疗的人员如果在医疗机构以外开展心理治疗活动也是违法的。

第七十六条　有下列情形之一的，由县级以上人民政府卫生行政部门、工商行政管理部门依据各自职责责令改正，给予警告，并处5000元以上10000元以下罚款，有违法所得的，没收违法所得；造成严重后果的，责令暂停6个月以上1年以下执业活动，直至吊销执业证书或者营业执照：

（一）心理咨询人员从事心理治疗或者精神障碍的诊断、治疗的；

（二）从事心理治疗的人员在医疗机构以外开展心理治疗活动的；

（三）专门从事心理治疗的人员从事精神障碍的诊断的；

（四）专门从事心理治疗的人员为精神障碍患者开具处方或者提供外科治疗的。

心理咨询人员、专门从事心理治疗的人员在心理咨询、心理治疗活动中造成他人人身、财产或者其他损害的，依法承担民事责任。

第七十六条主要是对违反上述规定的行为的处罚。包括警告、罚款、没收违法所得，造成严重后果的，责令暂停执业活动，直至吊销执业证书或者营业执照等，主要违法行为有心理治疗人员（心理治疗师或精神科医师）在医疗机构以外开展心理治疗活动；心理治疗师从事精神障碍的诊断；心理治疗师开处方或外科治疗；心理咨询人员、专门从事心理治疗的人员在心理咨询、心理治疗活动中造成他人人身、财产或者其他损害的，依法承担民事责任。

谢斌教授认为，法律主要是从管理的角度对心理咨询、心理治疗、精神科临床医疗进行区分。《精神卫生法》采用了精神卫生的概念，包括心理健康促进、预防和治疗精神障碍、促进患者精神康复等一系列活动。从这个角度讲，心理健康服务与精神医学服务是一个相对的界定，它们当中也有一些重叠。比如说心理治疗包括心理危机干预，基本上属于心理健康服务的范畴，可能里面有一些是精神科医生提供的心理治疗，也有一部分是非精神科医生在提供服务，它与精神医学服务之间有一些重叠。

## 二、《心理治疗规范（2013年版）》中与心理咨询（治疗）相关的条款

2013年12月30日，国家卫生和计划生育委员会委托中华医学会制定的《心理治疗规范（2013年版）》发布。该规范是在《精神卫生法》《中华人民共和国执业医师法》《医疗机构管理条例》《医疗技术临床应用管理办法》《预防医学、全科医学、药学、护理、其他卫生技术等专业技术资格考试暂行规定》及《医疗机构临床心理科门诊基本标准（试行）》等有关法律、法规和规章制度的基础上制定的。该规范"总则"中对心理治疗的定义、心理治疗的人员资质、心理治疗的对象和场所、心理治疗的伦理要求和法律责任进行了较为明确的界定。

### （一）心理治疗的定义

心理治疗是一类应用心理学原理和方法，由专业人员有计划实施的治疗疾病的技术。心理治疗人员通过和患者建立治疗关系与互动，积极影响患者，达到减轻痛苦、消除或减轻症状的目的，帮助患者健全人格、适应社会、促进康复。心理治疗要遵循科学原则，不使用超自然理论。

### （二）心理治疗的人员资质

两类在医疗机构工作的医学、心理学工作者可以成为心理治疗人员：精神科（助理）执业医师并接受了规范化的心理治疗培训的人员；通过卫生专业技术资格考试（心理治疗专业），取得专业技术资格的卫生技术人员。

### （三）心理治疗的对象和场所

心理治疗的服务对象是心理问题严重、需要系统性心理治疗的人员以及符合精神障碍诊断标准《国际疾病分类》之"精神与行为障碍"的患者。

（1）心理治疗的适应症包括以下种类：

①神经症性、应激相关的及躯体形式障碍；

②心境（情感）障碍；

③伴有生理紊乱及躯体因素的行为综合征（如进食障碍、睡眠障碍、

性功能障碍等）；

④通常起病于儿童与少年期的行为与情绪障碍；

⑤成人人格与行为障碍；

⑥使用精神活性物质所致的精神和行为障碍；

⑦精神分裂症、分裂性障碍和妄想性障碍；

⑧心理发育障碍以及器质性精神障碍等。在针对以上各类精神障碍的治疗中，心理治疗可以作为主要的治疗方法，也可以作为其他治疗技术的辅助手段。

（2）心理治疗的禁忌症主要包括：

①精神病性障碍急性期患者，伴有兴奋、冲动及其他严重的意识障碍、认知损害和情绪紊乱等症状，不能配合心理治疗的情况；

②伴有严重躯体疾病的患者，无法配合心理治疗的情况。

心理治疗属于医疗行为，应当在医疗机构内开展。医疗机构应该按照心理治疗工作的需要，设置专门的心理治疗场所。

**（四）心理治疗的伦理要求**

1. 心理治疗人员应有责任意识

心理治疗人员在自身专业知识和能力限定范围内，为服务对象提供适宜而有效的专业服务。如果需要拓展新的专业服务项目，应接受相应的专业培训和能力评估。应定期与专业人员进行业务研讨活动，在有条件的地方应实行督导制度。当自身的专业知识和能力以及所在场所条件不能满足服务对象的需要时，应及时转介。

2. 心理治疗人员应当建立恰当的关系及界限意识

尊重服务对象（包括患者及其亲属），按照专业的伦理规范与服务对象建立职业关系，促进其成长和发展。

（1）价值中立：应平等对待患者，不因患者的性别、民族、国籍、宗教信仰、价值观等因素歧视患者。

（2）保持治疗关系，避免双重关系，不得以医谋利。应对自己的专业身份、所处的位置对患者可能产生的潜在影响有清楚的认识；应努力保持与患者之间客观的治疗关系，避免在治疗中出现双重关系，不得在治疗关系之外与服务对象建立其他关系，不得利用患者对自己的信任或依赖谋取私利。一旦治疗关系超越了专业的界限，应采取适当措施终止这一治疗关系。

3. 心理治疗人员应当尊重服务对象的知情同意权

让服务对象了解服务的目的、主要内容、局限性及自身权益等信息，征得服务对象同意后提供服务。

谢斌教授认为，法律所规范的"知情同意"的主体是患者本人或当患者没有决策能力时的监护人。而"知情同意"的责任人是医疗机构及其医务人员，包括心理治疗师。需要告知的内容包括患者在诊断和治疗过程中享有的权利，治疗方案、方法和目的以及可能产生的后果。实验性的临床医疗不但要取得口头同意，还要有书面的同意，甚至还要有伦理委员会的批准。病历中患者的病情、治疗措施、用药情况、实施约束、隔离措施等内容，患者本人或监护人有权查阅、复制。当然，认为对其治疗产生不利影响时除外。

4. 心理治疗人员应当遵循保密原则

尊重和保护服务对象的隐私权；向接受治疗的相关人员说明保密原则，并采取适当的措施为其保守秘密。但法律、法规和专业伦理规范另有规定的除外。

（1）以下情况按照法律不能保密，应该及时向所在医疗机构汇报，并采取必要的措施以防止意外事件的发生，及时向其监护人通报；如发现触犯刑律的行为，医疗机构应该向有关部门通报：

①发现患者有危害其自身或危及他人安全的情况时；

②发现患者有虐待老年人、虐待儿童的情况时；

③发现未成年患者受到违法犯罪行为侵害时。

《精神卫生法》明确规定患者的姓名、肖像、住址、工作单位、病历资料以及其他可能推断出其身份的信息等是法定的个人隐私。当然，依法履行职责需要公开的除外，如抱病、司法鉴定等情形。不得限制患者的通讯和会见探访者的权利，不过在急性发病期或者为了避免妨碍治疗可以暂时性限制者除外。

（2）心理治疗人员应该参照医疗机构病案管理办法，对心理治疗病案做适当文字记录。只有在患者签署书面同意书的情况下才能对治疗过程进行录音、录像。在因专业需要进行案例讨论，或采用案例进行教学、科研、写作等工作时，应隐去那些可能会提示患者身份的有关信息（在得到患者书面许可的情况下可以例外）。

（3）心理治疗工作中的有关信息需妥善保管，无关人员不得翻阅。

5. 心理治疗过程中应避免下列行为

（1）允许他人以自己的名义从事心理治疗工作；

（2）索贿、受贿，或与患者及其亲属进行商业活动，谋取专业外的不正当利益；

（3）与患者发生超越职业关系的亲密关系（如性爱关系）；

（4）违反保密原则；

（5）违反法律、行政法规的其他行为；

（6）违反法律责任。

心理治疗以治疗疾病、促进健康为目的。违反国家有关法律规定，给患者或他人造成损失的，依法承担法律责任。

## 三、《心理治疗规范（2013年版）》中的心理治疗技术

本规范选取13种心理治疗技术：①支持性心理治疗与关系技术；②暗示—催眠技术；③解释性心理治疗；④人本心理治疗；⑤精神分析及心理动力学治疗；⑥行为治疗；⑦认知疗法；⑧家庭治疗；⑨危机干预；⑩团体心理治疗；⑪森田疗法；⑫道家认知疗法；⑬表达性艺术治疗。作为医疗机构内的适宜技术进行推广，并实施规范化管理。这些心理治疗技术可以大致分为三组。

1. 基本心理治疗技术

指综合各个流派的基本共性特点，在临床工作中对多数患者，尤其是对较轻的心理问题具有普遍适用性的一般性心理治疗技术。主要包括建立治疗联盟的技术、用于心理健康教育及解决一般心理问题的支持—解释性心理治疗等，属于心理治疗人员必须熟练掌握、运用的通用技术。

2. 专门心理治疗技术

指针对有适应症的患者，根据一定的流派理论进行的较有系统性、结构性的特殊心理治疗，包括精神分析及心理动力学治疗、人本心理治疗、

认知行为疗法、系统式家庭治疗以及危机干预、团体心理治疗、表达性艺术治疗等。心理治疗师应受过相应技术的专门训练。

3. 其他特殊心理治疗

指在本土传统文化基础上融合了现代心理学原理和技术，在相应的文化群体中有成功应用经验的某些心理治疗理论和方法，以及一些基于传统的或创新的心理学原理开发的治疗技术。对于这些心理治疗方法，宜进行充分的科学探索，在严格规范管理之下谨慎使用，经充分验证、论证后再加以推广。

# 四、《精神卫生法》实施后心理治疗领域可以预期的变化

安徽省精神卫生中心的李晓驷教授撰文《〈精神卫生法〉实施后可以预期的几个变化》以及《中国心理治疗事业的机遇与挑战并存》，预测了《精神卫生法》实施后，会给中国心理治疗事业带来什么样的变化？本文摘录与心理治疗、心理治疗师有关的内容如下。

## （一）精神科专科医院将普遍存在专职的心理治疗师

根据《精神卫生法》的规定，以后心理治疗只能在精神科专科医院和综合性医院中的精神科中进行，且心理咨询师不得从事心理治疗。根据以上规定，以后精神卫生机构必然要加强对精神科医师的系统心理治疗技能的培训和依法配备从事心理治疗的人员，否则无法满足精神障碍人群对心理治疗的需求。

## （二）心理咨询师仍有广阔的职业发展空间

虽然《精神卫生法》第二十三条中规定："心理咨询人员不得从事心理治疗或者精神障碍的诊断、治疗。""心理咨询人员发现接受咨询的人员可能患有精神障碍的，应当建议其到符合本法规定的医疗机构就诊。"这些规定似乎限制了心理咨询师的生存空间。《精神卫生法》虽然限制了心理咨询师的某些工作，但同时也明确赋予了心理咨询师开展心理咨询服务的权利。如，第二十三条第一段就规定："心理咨询人员应当提高业务素质，遵守执业规范，为社会公众提供专业化的心理咨询服务。"再如，在《精神卫生法》第二章"心理健康促进和精神障碍预防"中，更是在多条规定中提道：心理健康教育、心理健康指导、心理健康辅导、心理援助、心理咨询

等工作，显然这些工作都应该是心理咨询师可以从事的工作。

此外，较之心理治疗师，《精神卫生法》似乎赋予了心理咨询师更多的职业发展空间。因为法律规定，心理治疗工作必须在"医疗机构"开展，而根据第二十五条的规定，能够开展精神障碍诊断和治疗的医疗机构实际只能是精神科专科医院或综合性医院中的精神科。实际上就是不允许心理治疗师以心理治疗的名义独自开业。而法律允许心理咨询师开展工作的场所则非常广泛，且法律也未明确规定不准心理咨询师独立开业。

**（三）心理治疗工作将面临快速发展的好机遇**

可以预期，《精神卫生法》实施后将大大促进我国精神卫生事业的发展。在这个大环境下，作为精神卫生事业的组成成分，心理治疗事业的发展，同样也会充满机遇，具体体现在以下几个方面：

1. 将促进心理治疗行为的职业化和规范化

（1）规范了开展精神障碍诊断、治疗活动应当具备的条件（第二十五条）；

（2）规定了心理咨询人员不得从事心理治疗或者精神障碍的诊断、治疗，以及心理咨询人员发现接受咨询的人员可能患有精神障碍的，应当建议其到符合本法规定的医疗机构就诊（第二十三条）；

（3）规定了心理治疗活动应当在医疗机构内开展，且专门从事心理治疗的人员不得从事精神障碍的诊断，不得为精神障碍患者开具处方或者提供外科治疗（第五十一条）；

（4）将有统一的由国务院卫生行政部门制定的心理治疗的技术规范（第五十一条）；

（5）违反法律规定擅自从事精神障碍诊断、治疗的，包括心理治疗的医疗机构、医务人员、心理咨询师、心理治疗师等将受到法律的处罚（第七十六条等）。

以上诸条措施，将在很大程度上确保心理治疗规范化的开展和发展。

2. 将进一步推进心理治疗在医疗机构的开展

《精神卫生法》的出台是我国第一次以法律的形式规定了"从事精神障碍诊断、治疗的专科医疗机构还应当配备从事心理治疗的人员"（第二十五条）。因此，此项规定的结果必然是国内所有的精神科专科医院或综合性医院的精神科都必须依法开展心理治疗，而且，除了精神科医务人员之外，还会相应地配置没有医学背景的心理治疗师。

3. 精神科队伍将大规模扩充

《精神卫生法》第六十五条明确规定："综合性医疗机构应当按照国务院卫生行政部门的规定开设精神科门诊或者心理治疗门诊，提高精神障碍预防、诊断、治疗能力。"如果每个综合科医院，设置一个精神科，理论上精神科的总体规模以及精神科的医护人员都将比现在扩大数倍，相应地，精神科医务人员将会有更多的时间和精力用于心理治疗。

4. 精神卫生工作将获得政府财政保障

《精神卫生法》第六十二条规定："各级人民政府应当根据精神卫生工作需要，加大财政投入力度，保障精神卫生工作所需经费，将精神卫生工作经费列入本级财政预算。"当精神卫生机构获得充分的财政保障时，在精神卫生机构从事心理治疗工作人员的收入就有了保障。

## 五、心理治疗工作面临新的挑战

《精神卫生法》实施后，虽然心理治疗工作将面临快速发展的好机遇，但由于以下问题的存在，也使得心理治疗工作的开展受到制约。

（1）短时间内，精神科的发展远远不能满足实际心理治疗的需求。

我国直至2012年注册的精神科执业医师才达到两万多人，即便在今后快速发展的3～5年内能在目前的基础上扩大一倍，精神科医师的总数也不过是4万多人，而面对我国仅严重精神障碍患者就多达1600万、各类精神障碍的总发病率至少在14%的现状，4万多人的精神科医师也远远不能适应精神卫生的需求，短时间内，精神科医师不可能满足日益增长的心理治疗的需求。此外，在没有精神卫生机构的地区（我国目前仍有部分县级区域既无精神专科医院，也无设立综合性医院里的精神科），还存在患者根本无法从医疗机构中获得心理治疗服务的现实。

（2）短时间内，从事系统心理治疗人员的绝对人数不会大量增加。

从事心理治疗尤其是系统心理治疗工作需要经过培训。虽然今后几年精神科医师的数量将有增加，但近几年加入精神科队伍的医师不可能马上掌握系统心理治疗的技术。

另外，截止到2017年11月，人力资源和社会保障部取消统一的心理咨询师考试，据不完全统计，通过相关考试并获得心理咨询师资格的有超过100万人，即便其中仅有十分之一的人在从事临床心理咨询工作，意味着原本有10万从事心理咨询工作的咨询师不得从事心理治疗工作。由于今后聘用到医院工作的专职心理治疗师和精神科执业医师之间的比例不可能达到1∶1，因此，短时间内，从事心理治疗的绝对人数不会大幅度增加。

（3）受收费标准的限制，心理治疗的人员从事心理治疗的积极性不高。

（4）可能存在一种风险，即当配备了专门的心理治疗师后，精神科医师反而更少从事系统的心理治疗工作。

前已述及，即便是精神科的队伍得以大幅度的扩充，但今后几年依然不能根本改变精神科医师严重短缺的现状，精神科医师的任务依然繁重，而一旦医院里或科室里有了专门从事心理治疗的人员，精神科医师有可能不愿从事耗时、耗力、起效相对缓慢且不能带来纯业务收入的系统心理治疗，会把系统心理治疗的任务交给心理治疗师，而自己重点负责疾病的诊断和以药物治疗为主的生物性治疗以及教学、研究、重性精神障碍的防治等工作。

（5）对精神障碍的偏见和对精神科的误解，仍将影响部分患者接受心理治疗。

《精神卫生法》一个基本的指导思想是，精神障碍患者的诊断和治疗实行自愿原则。《精神卫生法》之所以明确规定"心理治疗活动应当在医疗机构内开展""心理咨询人员不得从事心理治疗或者精神障碍的诊断、治疗。心理咨询人员发现接受咨询的人员可能患有精神障碍的，应当建议其到符合本法规定的医疗机构就诊"，是因为目前有一部分属于非重性精神障碍且也适合心理治疗的患者因不愿到精神科医院就诊而选择在非医疗机构中接受心理咨询、心理治疗。《精神卫生法》的实施，虽然有助于消除对精神障碍的偏见和对精神科的误解，但这绝不意味着该法实施后，就能自动消除所有对精神障碍的偏见和对精神科的误解。即便在早就有涉及精神卫生法律的西方国家，对精神障碍的偏见和对精神科的误解迄今仍然不同程度地存在着。可以预期，《精神卫生法》实施后，那些不愿到精神科就诊的患者将无法获得心理治疗。

（6）为数众多的心理咨询师学习系统心理治疗的积极性将受到沉重打击。

心理咨询与心理治疗之间本无明确界限，将系统心理治疗技术用于心理咨询，有助于提高心理咨询的效果。不可否认，目前，心理咨询师的入门标准相对较低，也确实存在经过短期突击培训就可以拿到证书的现象。但另外一种现象的存在也是不争的事实，即很多人在拿到心理咨询师证书后，很快意识到他们的知识和能力远远不够，他们开始参加各种专业培训，其中不乏相当正规的系统心理治疗培训，如在国内颇有知名度的中—德、中—挪、中—美精神分析治疗师连续培训项目中，最近几年完全自费的心理咨询师所占比率远远高于公派的精神科医师。李晓驷教授认为，这些经过连续两年或更长时间系统培训的心理咨询师，他们的系统心理治疗水平不亚于未受过系统心理治疗培训的年轻精神科医师。而"心理咨询人员不得从事心理治疗"规定的实施，必将会影响心理咨询师学习系统心理治疗的积极性，甚至今后参加心理咨询师执业资格培训的人数也会减少。

# 六、对策

（1）制定相关政策，使心理治疗人员能有较好的专业生存和发展空间。如规定精神科床位与从事心理治疗人员的比例；从事心理治疗人员的基本工资和福利由国家财政支付；完善医疗系统中心理治疗职称设置和评审机制等，以保证医疗机构中有足够的专门从事心理治疗的人员；

（2）加强对精神科医师心理治疗技能的培训，使得每位精神科医师都能娴熟掌握心理治疗的基本技能；

（3）合理提高心理治疗的收费标准。一个行业如果其从业人员不能通过职业行为来养活自己，这个行业是注定发展不起来的；

（4）要求每个精神科医师尤其是中青年医师除了在日常诊断和治疗的工作中运用心理治疗的技术外，还应每周有一个半天的时间从事系统心理治疗。只有从事心理治疗的实践，才能掌握心理治疗的技能，才能提供心理治疗服务；

（5）在没有精神科专科医院或综合性医院中没有精神科的地区，可在报请当地卫生行政部门批准后，于综合性医院中设立单纯的心理治疗门诊，在患者知情、自愿的前提下，聘请接受过系统心理治疗培训的心理咨询师，对确有心理治疗指征且经过精神科执业医师明确诊断为"非重性精神障碍"的患者开展心理治疗工作。

（6）若干年后，根据实际情况修订《精神卫生法》的部分条款。

# 特殊的心理咨询方式——网络心理咨询

"在网络咨询中，因网络故障，咨询被迫停止怎么办？""在网络咨询的过程中，来访者声称要自杀，心理咨询师此时才发现来访者提供的是虚假的身份信息和联系方式，心理咨询师该怎么办？""来访者要加心理咨询师的QQ和微信，心理咨询师是否要拒绝？""来访者请心理咨询师为她孩子的参赛作品点赞，心理咨询师该怎么办？""网络咨询时，来访者偷偷在录音怎么办？"

在信息时代，随着人们生活节奏的加快和互联网技术的快速发展，网络心理咨询已经成为发展最为迅速的心理咨询方式，它突破了传统面对面的咨询在时间、地点等方面的限制，能为工作繁忙者、行动不便者、偏远地区人士以及对隐私保护有较高需求者等提供便利、专业的心理咨询服务。网络心理咨询在给心理咨询带来发展契机的同时，其势不可挡的发展趋势迫使研究者不得不应对网络心理咨询实务中逐渐显现的各种问题。上述这些问题，是众多问题中较为常见的典型问题。

## 一、网络咨询的相关概念

心理咨询的分类较多，按咨询方式可分为门诊咨询（面对面咨询）、信件咨询、电话咨询、网络咨询、现场咨询等。不同的咨询方式各有其优缺点。门诊咨询是最常见、最主要的形式。优点是针对性强、全面、保密性强，缺点是来访者身处异地不方便。

信函心理咨询是通过通信的方式进行沟通，简单方便、不受居住条件限制，缺点是不能全面了解来访者的信息，不能根据当时情况及时做出具体的指导，仅仅出于暂时保密或初步了解情况。如果要深入咨询，需要面对面咨询。

电话心理咨询的对象多为处于危机状况下，临时性地紧急干预。国内一些大城市均有24小时心理热线咨询电话，优点为方便、迅速、及时，缺点是无法获得更全面的信息，咨询不够深入。

现场咨询是心理咨询师深入基层现场，在开放式的空间进行一对一的咨询，方便了来访者，但无法保证长期的咨询，来访者个人隐私也无法得到有效保护。一般多用于心理健康活动宣传中，目的是让更多人认识心理咨询，并不能充分发挥心理咨询的效果。

目前，关于网络心理咨询的定义尚未统一，美国咨询师认证管理委员会把网络心理咨询定义为"心理咨询师与当事人使用电子邮件、聊天室或网络视频设备，进行远距离的同步实时或异步非实时的互动"。在我国台湾地区，网络心理咨询也被称为网络咨商、网络辅导、网络即时咨询等。我国台湾学者王智弘认为，只要是在网络上提供的咨询服务，都可称之为网络咨商。

Grohol最早将网络心理咨询定义为一种帮助当事人解决生活和关系问题的新型的咨询模式。网络心理咨询又称远程心理咨询、互联网心理咨询，是指利用视频、音频、即时录入文字或者互联网电子邮件等传媒手段进行心理咨询，但由于电子邮件多数情况下不能达到即时互动的效果，一般不被列为网络心理咨询的范畴。目前，国内网络咨询大多以QQ、微信等形式与来访者进行交流。网络咨询的对象可以是真实身份也可以是匿名的来访者。

## 二、网络心理咨询的优点

与面对面咨询方式相比，网络心理咨询的强大优势主要体现在以下三个方面。

### （一）便于为来访者保密，来访者更容易敞开心扉

在网络咨询中，来访者能够以匿名的方式接受咨询，隐私得到有效保

护。面对面咨询一般需要来访者提供真实的个人信息和联系方式，尤其在医疗机构，挂号和缴费均需提供真实的身份证件，尽管心理咨询有严格的保密制度规定，但一些来访者对传统的面对面咨询仍然心存疑虑。互联网可以匿名注册的特性，可以适应来访者匿名的心理需求。而且非视频的咨询（音频和即时录入文字咨询）方式，可以隐瞒来访者的真实姓名、外表形象等，如果以文字录入的方式，来访者的声音特征甚至其性别，心理咨询师都无从知晓，可以在更大程度上满足来访者匿名的需求。在网络这样一个虚拟空间下，来访者避免了和心理咨询师面对面的压力，不必担心社会评价，消除了种种顾虑，会更有可能真实陈述事件、讲述内心的困惑，从而有利于心理咨询师更全面地了解当事人的真实心理状况。

**（二）突破了时间、地点和心理咨询师资源紧缺的限制**

在欠发达地区，心理咨询师资源不足，偏远地区面对面咨询耗费时间和交通成本，网络咨询能大大方便来访者，降低心理咨询的时间和经济成本，同时也方便了心理咨询师，咨询时间相对自由和宽松，可以选择晚间等非工作时间，缓解优秀心理咨询师资源不足的压力。

**（三）方便快捷，来访者自由度大**

只要来访者有咨询需求，征得心理咨询师的同意后，无论当事人身处何地，只要有一台可以上网的电脑或者一部手机，就可以即刻通过网络进行咨询，而面对面咨询无法达到这样的便捷性。来访者也可以随时根据自己的需要选择咨询或终止咨询，可以自由选择自己喜欢的心理咨询师。

Young 的一项有关来访者网络心理咨询态度的研究表明：网络的便捷性、匿名性是来访者寻求网络心理咨询的重要原因。网络在线治疗能减少脱落率，增加依从性。

由于网络咨询具有方便快捷、安全、经济、省时、宽松自由等特点和优势，会被越来越多的人逐渐接受，当然，网络心理咨询毫无疑问也会有其相对的一些缺陷。

## 三、网络心理咨询的缺点

**（一）来访者提供信息的真实性不能得到有效保证**

网络的匿名性使人们敢于更真实地表达自己，却也带来了责任感的缺失。来访者可以毫无顾虑地表达，但也有些人为了填补内心的空虚而编造夸张离奇的故事，甚至伪造身份、捏造事实。匿名性在某种程度上为少数性心理障碍的来访者性骚扰心理咨询师提供了方便。

**（二）信息交流不充分**

网络咨询是一种间接的人际互动，打字的方式听不到对方的声音，语音的方式看不到对方的外貌、表情与肢体动作，但这些非言语信息在人际沟通中非常重要，因此，网络咨询会导致大量有价值的非言语信息的流失。反之，在面对面的咨询中，来访者的非言语行为会提供有价值的信息，有利于心理咨询师的评估，心理咨询师的非言语信息也会对来访者产生积极影响，因此与面对面咨询相比，网络咨询在一定程度上影响咨询的进程与效果。

**（三）咨询技能得不到充分发挥**

心理咨询师倾听、共情、积极关注的技术很多都体现在身体语言中，而网络咨询无法有效利用身体语言；另外，心理咨询师有些治疗方法和手段，如催眠、放松训练、沙盘、生物反馈等无法像面对面咨询那样直接有效。儿童咨询中一些绘画、游戏等技术无法通过网络开展。

**（四）咨询关系不稳固**

心理咨询强调建立一种长期彼此信任的咨询关系，甚至有很多心理专家认为"没有关系就没有心理咨询"。要经过一段时间的双方共同探讨，帮助来访者探索他的内心世界，达成与现实的协调一致，才有可能达到治疗目标。而在网络咨询中，有一部分人求助的行为带有很大的试探性与随机性，有些人只咨询一次便从此消失。网络时空的距离让来访者感受到与心理咨询师情感的隔离，有的来访者形象地表达"在网络上我感受不到心理咨询师的温度"，这些都对建立稳定而亲密的咨询关系造成一定程度的影响。

**（五）面对面咨询中的紧急情况无法及时处理**

在面对面咨询中，如果出现突发情况，如来访者身体不适，出现幻觉、躁狂等表现，心理咨询师可以进行紧急处理，通知其他工作人员及时转介或救治，对于自杀倾向明显的来访者可以做危机干预。面对上述紧急情况或重症患者，一般很难远程干预，比如自杀干预相当困难，因为网络的匿名性甚至无法确认来访者的身份信息,无法做到及时通知家属和警察等相关人员。所以,网络咨询时一般不做重症。

**(六)受制于技术水平、网络环境、网站经营等客观因素**

网络心理咨询要求当事人与心理咨询师具有便利的上网条件,具备一定的网络知识和电脑使用水平,同时要求供电系统和网络运行正常,网速和网络带宽达到一定的要求,否则容易在咨询过程中出现卡顿、画面和语音不清楚等情况。

## 四、网络咨询中的伦理问题

目前,我国心理咨询师的专业素质良莠不齐,通过网络提供的心理咨询实践尚缺乏科学规范,迫切需要出台伦理守则对网络心理咨询的从业资格、操作规范等进行严格管理,提升专业水准;而且由于网络的特殊性,网络心理咨询在安全性、保密性、危机干预等方面都有区别于面对面咨询,迫切需要出台伦理守则应对网络心理咨询实务中发生的种种问题。网络咨询的伦理守则是咨访双方共信的基础和权益的保障,是促进网络心理咨询健康发展的关键要素。

从20世纪90年代开始,美国心理学会(APA)及美国全国注册咨询师委员会(NBCC)等专业协会相继制定了通过互联网开展心理咨询的有关规定。中国心理学会在2007年公开发布了《中国心理学会临床与咨询心理学工作伦理守则》,但尚未制定专门针对网络心理咨询的伦理规范。2017年,中国心理学会临床心理学注册工作委员会对第一版的《中国心理学会临床与咨询心理学工作伦理守则》进行了修订,增加了有关网络心理咨询的伦理规范,于2018年7月正式实施。

安芹在《网络心理咨询伦理问题的定性研究》一文中指出:网络心理咨询伦理规范在咨询关系、咨询设置、保密性以及危机干预方面有独特性。与网络心理咨询相关的伦理议题包括四个方面:①在网络咨询中,心理咨询师以真实身份与来访者建立关系,来访者须提供必要的真实信息;②咨访双方注意选择网络咨询的地点、时间并避免多任务操作以保证咨询设置;③网络咨询对网络平台及咨询记录有特殊的保密要求;④危机个案应有专门的应急方案并及时转为线下干预。

互联网已经渗透到社会生活的各个方面，运用网络开展心理咨询已成为不可阻挡的趋势，网络咨询必将随着网络技术手段的发展和网络的进一步普及，也就必然成为人们解决心理问题的一个重要手段。虽然网络咨询存在一定的缺点和局限性，但随着网络硬件和软件的不断升级、技术手段的改进、即时视听应用于在线咨询中，人们可以利用多媒体在网上互动，经验丰富和细心的心理咨询师完全有能力通过各种特殊的咨询技能和治疗手段，填补并有效地完善互联网心理咨询方式的不足。但网络咨询仍然无法完全替代面对面咨询。

目前，我国的网络心理咨询的发展尚不成熟，而且并不是所有的来访者都适用于网络心理咨询。有些个案，心理咨询师在网络上无法控制现场局面，因此必须使用适宜的筛选手段将分裂症、精神病和自杀患者等剔除出远程咨询的行列；同时，对危机个案有应急方案并及时转为线下干预。

《中国心理学会临床与咨询心理学工作伦理守则》（第二版）对涉及网络/电话咨询的远程专业工作做出了规范。详见本书中《心理咨询（治疗）中的伦理问题》部分。现将要点介绍如下：

（1）在常规知情同意的基础上，告知网络咨询的局限性以及网络咨询保密的局限性，让来访者自主选择是否使用网络咨询；

（2）心理咨询师应采取合理的预防措施，确保网络咨询服务过程、信息传递和电子记录的保密性和安全性；

（3）咨访双方商定网络咨询技术故障的可能性及处理方案；

（4）网络咨询需要确认来访者的真实身份及联系信息，双方在心理咨询时所在的物理位置和紧急联系人的联系信息，商定当来访者无法联系到心理咨询师时的应急处理程序；

（5）咨访双方须建立专业界限。当其中一方认为远程专业工作无效时，则应考虑采用面对面咨询。如果由于某一方的原因无法进行面对面咨询，则应帮助来访者寻求合适的转介服务。

# 参 考 文 献

## 著作类

[1]北京协和医院世界卫生组织疾病分类合作中心.疾病和有关健康问题的国际统计分类.第十次修订本:第2卷[M].北京:人民卫生出版社,1996.

[2]北京协和医院世界卫生组织疾病分类合作中心.疾病和有关健康问题的国际统计分类.第十次修订本:第3卷[M].北京:人民卫生出版社,1998.

[3]卡巴尼斯,等.心理动力学疗法[M].徐玥,译.北京:中国轻工业出版社,2012.

[4]郭念锋.心理咨询师(二级)[M].北京:民族出版社,2005.

[5]郝伟,于欣.精神病学[M].7版.北京:人民卫生出版社,2013.

[6]胡佩诚.心理治疗[M].2版.北京:人民卫生出版社,2013.

[7]姜乾金.医学心理学[M].4版.北京:人民卫生出版社,2004.

[8]贝克.认知疗法:基础与应用[M].北京:中国轻工业出版社,2013.

[9]卡巴尼斯,等.心理动力学个案概念化[M].孙铃,等译.北京:中国轻工业出版社,2015.

[10]林崇德.心理学大辞典[M].上海:上海教育出版社,2003.

[11]鲁龙光.心理疏导疗法[M].南京:江苏科学技术出版社,2005.

[12]麦凯,伍德,布兰特利.辩证行为疗法[M].王鹏飞,李桃,钟菲菲,译.重庆:重庆大学出版社,2009.

[13]马立骥.心理评估学[M].合肥:安徽大学出版社,2004.

[14]马立骥,张伯华.心理咨询学[M].北京:北京科学技术出版社,2005.

189

[15]美国精神医学学会.精神障碍诊断与统计手册[M].5版.张道龙,等译.北京:北京大学出版社,2016.

[16]乌桑诺.心理动力学心理治疗简明指南:短程、间断和长程心理动力学心理治疗的原则和技术[M].王丽颖,译.北京:人民卫生出版社,2010.

[17]童俊.人格障碍的心理咨询与治疗[M].北京:北京大学医学出版社,2008.

[18]谢尔登·卡什丹.客体关系心理治疗:理论、实务与案例[M].鲁小华,等译.北京:中国水利水电出版社,2006.

[19]郗浩丽.客体关系理论的转向:温尼科特研究[M].福州:福建教育出版社,2008.

[20]中国就业培训技术指导中心,中国心理卫生协会.国家职业资格培训教程心理咨询师(三级)[M].北京:中国劳动社会保障出版社,2017.

[21]张亚林,曹玉萍.心理咨询与心理治疗技术操作规范[M].北京:科学出版社,2014.

[22]中华医学精神科分会.CCMD-3中国精神障碍分类与诊断标准[M].济南:山东科学技术出版社,2001.

[23]《中华人民共和国精神卫生法医务人员培训教材》编写组.中华人民共和国精神卫生法医务人员培训教材[M].北京:中国法制出版社,2013.

[24]American Psychiatric Association, DSM-5 Task Force.Diagnostic and statistical manual of mental disorders: DSM-5™ [M].5th ed.Arlington: American Psychiatric Publishing,2013.

## 期刊类

[1]安芹,贾晓明,郝燕.网络心理咨询伦理问题的定性研究[J].中国心理卫生杂志,2012,26(11):826-830.

[2]曹月如,宋芳.社会转型背景下青少年自我认同的形成[J].浙江工商职业技术学院学报,2013,12(2):27-31.

[3]陈胡丹,及若菲,黄国平.辩证行为疗法及其临床应用的最新进展[J].四川精神卫生,2016,29(5):477-481.

[4]高思飞.对当代中国"处女情结"的批判话语分析[J].文教资料,2010(13):

76-79.

[5]葛玲,孔鑫.边缘性人格障碍临床表现与治疗现状综述[J].校园心理,2011(1):3-5.

[6]郭慧荣,肖泽萍.边缘型人格障碍的概念及临床表现[J].国外医学(精神病学分册),2003,30(4):228-231.

[7]黄渊基,熊敏秀.网络心理咨询:含义、类型及其发展[J].邵阳学院学报(社会科学版),2014(6):115-120.

[8]李萍,孙宏伟,庄娜.边缘性人格障碍的研究进展[J].中国健康心理学杂志,2007,15(12):1115-1117.

[9]刘文娟,季建林.双相情感障碍的心理社会治疗[J].国际精神病学杂志,2007,34(3):175-180.

[10]宋东峰,傅文青,孔明,等.大学生边缘型人格障碍患病率调查[J].中国临床心理学杂志,2009,17(3):342-344.

[11]孙也龙.精神障碍患者的预先指示权与自愿治疗[J].中国心理卫生杂志,2013,27(4):249-251.

[12]谭中岳,李子勋,钟杰.心理咨询与治疗中的道德与伦理问题[J].中国心理卫生杂志,2003,17(7):508-511.

[13]谢斌.心理治疗的法律与伦理[J].四川精神卫生,2016,29(6):556-560.

[14]谢斌.我国精神卫生工作的挑战及主要立法对策探讨[J].上海精神医学,2010,22(4):193-199.

[15]徐光兴.未成年人性侵害的危机干预与心理援助[J].青少年犯罪问题,2015(1):12-16.

[16]徐东兴,何姣,徐慰,等.一例大学毕业生自我认同危机的心理咨询[J].科教导刊,2015(26):172-174.

[17]赵静波,季建林.心理治疗和咨询中的伦理学问题和原则[J].中国医学伦理学,2006,19(2):94-96.

[18]GOLDSMITH H H, LEMERY K S. Linking temperamental fearfulness and anxiety symptoms: a behavior-genetic perspective[J].Biol Psychiatry, 2000, 48(12):1199-1209.

[19]JAMISON K R.Touched with fire: Manic-depressive illness and the artistic

temperament [J].History and Philosophy of the Life Sciences, 1996, 19(3):
413-422.

[20]PHILLIPS K A.Body dysmorphic disorder: the distress of imagined ugliness
[J].American Journal of Psychiatry, 1991, 148(9):1138-1149.

[21]范红.男权的蛊惑——社会性别视角下电视剧《蜗居》的人物形象解读
[D].合肥:安徽大学,2011.

[22]武奕岑.媒体消费文化中的青少年自我认同危机[N].山西党报,2010-
12-15(Y07).